Julien Grégoire

Analyse évolutive des comportements de mobilité des personnes âgées

Julien Grégoire

Analyse évolutive des comportements de mobilité des personnes âgées

Application du modèle âge-période-cohorte et projection de la demande en transport

Presses Académiques Francophones

Impressum / Mentions légales

Bibliografische Information der Deutschen Nationalbibliothek: Die Deutsche Nationalbibliothek verzeichnet diese Publikation in der Deutschen Nationalbibliografie; detaillierte bibliografische Daten sind im Internet über http://dnb.d-nb.de abrufbar.
Alle in diesem Buch genannten Marken und Produktnamen unterliegen warenzeichen-, marken- oder patentrechtlichem Schutz bzw. sind Warenzeichen oder eingetragene Warenzeichen der jeweiligen Inhaber. Die Wiedergabe von Marken, Produktnamen, Gebrauchsnamen, Handelsnamen, Warenbezeichnungen u.s.w. in diesem Werk berechtigt auch ohne besondere Kennzeichnung nicht zu der Annahme, dass solche Namen im Sinne der Warenzeichen- und Markenschutzgesetzgebung als frei zu betrachten wären und daher von jedermann benutzt werden dürften.

Information bibliographique publiée par la Deutsche Nationalbibliothek: La Deutsche Nationalbibliothek inscrit cette publication à la Deutsche Nationalbibliografie; des données bibliographiques détaillées sont disponibles sur internet à l'adresse http://dnb.d-nb.de.
Toutes marques et noms de produits mentionnés dans ce livre demeurent sous la protection des marques, des marques déposées et des brevets, et sont des marques ou des marques déposées de leurs détenteurs respectifs. L'utilisation des marques, noms de produits, noms communs, noms commerciaux, descriptions de produits, etc, même sans qu'ils soient mentionnés de façon particulière dans ce livre ne signifie en aucune façon que ces noms peuvent être utilisés sans restriction à l'égard de la législation pour la protection des marques et des marques déposées et pourraient donc être utilisés par quiconque.

Coverbild / Photo de couverture: www.ingimage.com

Verlag / Editeur:
Presses Académiques Francophones
ist ein Imprint der / est une marque déposée de
AV Akademikerverlag GmbH & Co. KG
Heinrich-Böcking-Str. 6-8, 66121 Saarbrücken, Deutschland / Allemagne
Email: info@presses-academiques.com

Herstellung: siehe letzte Seite /
Impression: voir la dernière page
ISBN: 978-3-8381-7357-3

TABLE DES MATIÈRES

LISTE DES TABLEAUX

LISTE DES FIGURES

9

11

14

LISTE DES SIGLES ET ABRÉVIATIONS

APC : Âge-Période-Cohorte

Enquête OD : enquête Origine-Destination

STM : Société de transport de Montréal

AMT : Agence métropolitaine de transport

GRM : Grande région de Montréal

REMERCIEMENTS

Tout d'abord, je tiens à adresser mes remerciements les plus sincères à la professeure Catherine Morency pour son aide et son support durant la réalisation de ce mémoire. Ce soutien accompagné de nombreux et judicieux conseils méthodologiques ont favorisé le développement de nombreuses connaissances me permettant ainsi de mener à terme ce projet.

Je remercie aussi l'ensemble du corps professoral du département de transport ainsi que tous les professeurs pour leur enseignement qui fut bénéfique tout au long de ma maîtrise. Je tiens aussi à souligner l'importance du support des autres étudiants de transport, plus particulièrement François, Louiselle, Nicolas et Antoine qui ont apporté aide au niveau méthodologique et des excellentes sources de motivation et d'inspiration.

Finalement, je voudrais remercier spécialement mes parents de l'aide psychologiquement et financière qu'ils m'ont apportée durant mes études.

Et puis, une petite pensée spéciale pour Anna.

CHAPITRE 1   INTRODUCTION

Le vieillissement de la cohorte des baby-boomers modifiera sensiblement la composition démographique de la province du Québec par une augmentation considérable en effectifs et en proportion du groupe des personnes âgées. L'augmentation de l'espérance de vie, l'importance de la cohorte des baby-boomers et un taux de fertilité relativement bas seront les principales causes du vieillissement de la population. Par conséquent, à l'horizon 2056, le groupe des 65 ans et plus représentera 28% de la population du Québec comparativement à 14% en 2006 (Thibault, 2009). Ce changement démographique aura des impacts importants étant donné la nature particulière des personnes du troisième âge. En effet, les personnes âgées sont sensiblement différentes des autres groupes de population à trois niveaux. Tout d'abord, elles se comportent autrement de la population active à cause de leur système d'activité différent. Ensuite, les nouvelles générations de personnes âgées ont des habitudes différentes des anciennes et finalement, elles ne constituent pas un groupe homogène, chaque individu ayant des caractéristiques uniques. Tous ces éléments obligent désormais les planificateurs à repenser les systèmes de transport pour faire face au vieillissement de la population.

Plusieurs questionnements surgissent sur les impacts d'une augmentation en nombre et en proportion de ce groupe de population aux comportements divergents. Des nombreuses réflexions et actions ont été entamées dans diverses sphères de la société pour adapter les services à cette clientèle. Par exemple, l'Association québécoise d'établissements de santé et de services sociaux (AQESS) a récemment conclu que le vieillissement aura un impact très lourd sur le système de santé et sur l'hébergement, forçant ainsi une réorganisation du service vers des soins à domicile. Au niveau du transport, la société de transport de Montréal (STM) a récemment mis en place en

2008 un service de transport en commun spécifiquement conçu pour les ainés : les Navettes or. Ce service dessert les résidences de personnes âgées à l'aide d'un minibus et les conduit jusqu'aux centres d'intérêt du quartier. Présentement, dix circuits sont actifs sur l'île de Montréal. Le but de ce service est de mieux répondre aux besoins spécifiques de la clientèle des personnes âgées en offrant un service adapté à leurs besoins. Cette volonté d'adapter les services aux besoins des personnes âgées représente le principal défi du vieillissement de la population.

1.1 Problématique de recherche

Naturellement, l'adaptation des services aux besoins d'une clientèle précise nécessite une connaissance approfondie de son comportement. Toutefois, malgré les nombreuses études s'intéressant au vieillissement de la population, la majorité de celles-ci ne fournissent que des observations et n'approfondissent pas sur les causes et la nature des tendances étudiées. En effet, la majorité des études ne s'intéresse qu'à la description des comportements. Toutefois, malgré la grande importance de ce type d'information, les conclusions ne permettent pas de comprendre et surtout d'anticiper les comportements des individus.

De plus, les dernières études publiées sur la projection de la mobilité des personnes dans la grande région de Montréal sont d'un degré de précision limité et ne proposent pas de méthodologie claire pour y arriver (Bussière, 1990; Bussière & Thouez, 2003; Dejoux, Buissière, Madre, & Armoogum, 2010). En effet, la première étude traite uniquement les données d'une seule enquête, ne tenant pas compte ainsi des tendances historiques, et la deuxième agrège les personnes âgées en deux groupes (65-75, 75+), limitant ainsi la justesse des projections. Or, la qualité des données disponibles à Montréal ainsi que la présence de plusieurs enquêtes, permettant donc un suivi historique à long terme des comportements, offrent la possibilité d'étudier les comportements avec une plus grande exactitude.

La recherche porte sur l'élaboration d'une méthodologie qui permettrait de mieux comprendre la nature des changements comportementaux observés et dont l'application sera effectuée sur les personnes âgées. Cette méthodologie permettrait de mieux prévoir les habitudes comportementales ainsi que la demande en transport ce qui faciliterait l'adaptation des services à une clientèle âgée dont les besoins et les habitudes changent continuellement.

1.2 Objectifs du projet de recherche

L'objectif principal de cette recherche est de proposer une méthodologie permettant de mieux comprendre les tendances observéesé. L'objectif secondaire est d'arriver à mieux comprendre les conséquences du vieillissement de la population sur les comportements de transport. Plusieurs objectifs spécifiques y sont associés :

- Donner un aperçu des effets du vieillissement de la population sur les comportements observés;

- Décomposer différents indicateurs en effets d'âge, période et cohorte : analyser les tendances des personnes sur 20 ans et décortiquer les conséquences du vieillissement sur les comportements, comprendre le processus de remplacement de génération et identifier les effets de société ayant un impact sur l'ensemble de la population;

- Identifier les variables ayant un impact sur les tendances et les intégrer à la méthodologie de projection;

- Proposer et tester une méthodologie permettant de projeter les comportements de transport des personnes âgées.

1.3 Structure du document

Ce document retrace l'ensemble de la méthodologie nécessaire pour atteindre la liste des objectifs énumérés ci-dessus. Suite à cette introduction, le deuxième chapitre est une revue de littérature présentant tout d'abord, les conséquences du vieillissement de la population du point de vue de la mobilité, ensuite les différentes tendances de comportements de mobilité observées à dans la littérature internationale et finalement les différents modèles utilisés pour projeter la mobilité. Le troisième chapitre introduit en premier lieu, le modèle d'analyse démographique ainsi que les notions fondamentales et les outils nécessaires à son application. Par la suite, une description de la base de données utilisée sera effectuée. Le quatrième chapitre présente les résultats de l'analyse descriptive des différentes tendances. Ce chapitre comporte quatre sections présentant les tendances démographiques, de mobilité, des personnes mobiles et des déplacements. Le cinquième chapitre comporte deux sections. La première explique la méthodologie d'identification des effets âge-période-cohorte tandis que la deuxième est une analyse de l'impact de différentes caractéristiques socio-économiques sur les comportements de mobilité. Le sixième chapitre consiste à présenter la méthodologie de projection de la mobilité utilisée pour ce projet. Finalement, la conclusion permettra de résumer le mémoire et de mettre en lumière les perspectives de recherche qui découlent de ce projet.

CHAPITRE 2 REVUE DE LITTÉRATURE

Ce chapitre propose une revue de littérature scientifique des différents concepts liés au vieillissement de la population divisée trois sections distinctes. La section 2.1 présente la problématique du vieillissement sur la mobilité et la planification du service de transport. La section 2.2 est un résumé des études portant sur l'évolution des comportements de mobilité de la population âgée. La section 2.3 consiste à fournir un aperçu des différentes méthodes de projections de la mobilité utilisées.

2.1 Vieillissement et mobilité

Les conséquences du vieillissement de la population peuvent être analysées de deux façons au niveau de la mobilité : les conséquences de vieillir sur la personne et les impacts du vieillissement de la population sur les réseaux de transport. Cette section présente en détail ces deux aspects.

2.1.1 Mobilité et qualité de vie

Le vieillissement affecte les capacités d'une personne à se déplacer, déclin qui peut survenir à tous les âges. Cependant, les limitations physiques commencent à affecter sérieusement les comportements à partir de 80 ans (Alsnih & Hensher, 2003). Le vieillissement de la population augmentera de façon importante, en effectifs et en proportion, le nombre de personnes âgées de 80 ans et plus, présumant ainsi une augmentation importante des personnes ayant des limitations physiques (Thibault, 2009).

Le vieillissement affecte la mobilité d'une personne ainsi que sa qualité de vie. Le concept de mobilité inclut plusieurs dimensions : l'accessibilité à différents lieux, les bénéfices psychologiques du déplacement et du sentiment d'indépendance, le bénéfice de pouvoir se déplacer et le pouvoir de maintenir ses réseaux sociaux (Alsnih & Hensher, 2003). Le concept de qualité de vie comprend les dimensions de la santé physique, du bien-être psychologique, de l'intégration à des réseaux sociaux et satisfaction de la vie.

La diminution de la santé physique se traduit par le développement de handicaps physiques et mentaux réduisant ainsi les habiletés, le désir et les compétences d'une personne à utiliser un mode de transport (Brog, 1998). Une conséquence importante du déclin des capacités est l'inaptitude à conduire une automobile ce qui affectera la personne aux niveaux psychologique et social. Psychologiquement, la perte de la mobilité automobile est perçue comme une perte de contrôle ainsi qu'une dégradation de la satisfaction et du bonheur pouvant mener à l'augmentation des symptômes de dépression et même jusqu'à la mort (Banister & Bowling, 2004; Marottoli et al., 2000; Whelan, Langford, Oxley, Koppel, & Charlton, 2006) (TRB, 1988, 2005). Socialement, la mobilité automobile influençant positivement le nombre d'activités, la perte de celle-ci entraîne une baisse de participation aux activités sociales, de loisir et économiques (Alsnih & Hensher, 2003; Banister & Bowling, 2004; Marottoli, et al., 2000). Par conséquent, il semble évident que mobilité et qualité de vie sont deux concepts fortement reliés entre eux (Metz, 2000; Whelan, et al., 2006).

Par conséquent, la planification d'alternatives à la mobilité automobile apparaît nécessaire. Toutefois, une étude a démontré que le transport collectif est associé avec une baisse du niveau d'indépendance, du taux d'activité et de la satisfaction face à la vie en plus d'augmenter le sentiment de solitude et de perte de contrôle (TRB, 1988).

23

De plus, il est prévu que les personnes âgées devront être plus autonomes dans leurs déplacements à cause d'une diminution du réseau familial, conséquence d'une génération ayant un nombre d'enfants moins élevé et résidant plus souvent seule. Par conséquent, les conséquences d'une perte de la capacité à se déplacer doivent être considérées sérieusement (Alsnih & Hensher, 2003; Rosenbloom, 1999; Rosenbloom & Ståhl, 2002; Whelan, et al., 2006).

2.1.2 Mobilité et sécurité

De nombreuses études tentent d'établir ou de briser le lien entre vieillissement de la population et augmentation de l'insécurité sur le réseau routier (Burns, 1999; Hakamies-Blomqvist, 1999, 2004; Hakamies-Blomqvist, 2006; Hakamies-Blomqvist & Wahlström, 1998; G. Li, Braver, & Chen, 2003; OCDE, 2001; Owsley, 2004; J. Oxley, Fildes, & Dewar, 2004; Rosenbloom & Ståhl, 2002)

Toutefois, selon la majorité des études, il est faux de prétendre que le vieillissement augmente les risques d'accident au niveau de la conduite automobile (Hakamies-Blomqvist, 2004; Rosenbloom, 2001; Stutts & Potts, 2006; Whelan, et al., 2006). En effet, les personnes âgées demeurent des conducteurs sécuritaires jusqu'à 80 ou 85 ans approximativement. De plus, malgré cette augmentation du risque d'accident, les personnes âgées de 80/85 ans demeurent plus sécuritaires que le groupe des 25 ans et moins (TRB, 1988, 2005). En effet, elles savent adapter leur conduite automobile à leurs capacités physiques et cognitives et adoptent souvent des comportements plus sécuritaires, soit en choisissant des environnements de conduite plus familiers ou plus faciles, soit en modifiant leurs techniques de conduite (Burns, 1999; Hakamies-Blomqvist, 2004; Smiley, 1999). De plus, depuis plusieurs années, les accidents impliquant les personnes du troisième âge déclinent ce qui laisse envisager que les prochaines cohortes seraient plus sécuritaires, ayant

24

une plus grande expérience de conduite (Rosenbloom & Ståhl, 2002). En outre, les personnes âgées sont surreprésentées dans les accidents à cause de leur fragilité physique et de leurs patrons d'accidents (Hakamies-Blomqvist, 2004; TRB, 1988, 2005; Whelan, et al., 2006).

Toutefois, il demeure que le développement de certaines maladies et un déclin important des habiletés physiques et cognitives peuvent augmenter le risque d'accident automobile (Hakamies-Blomqvist, 1999). En effet, les personnes âgées qui conduisent de façon sporadique ont un taux d'accident beaucoup plus élevé comparativement aux conducteurs réguliers et seraient plus susceptibles de rapporter une plus grande variété de limitations au niveau de la santé et une détérioration de leurs habiletés de conduire (Langford & Oxley, 2006; Whelan, et al., 2006). L'augmentation du taux d'accident pour les personnes les plus âgées serait attribuable à un petit groupe d'individus dont les capacités physiques et cognitives se sont dégradées au point où elles sont devenues dangereuses pour leur sécurité et celle d'autrui.

Par conséquent, l'augmentation de l'insécurité routière serait plutôt causée par la dépendance à l'automobile des personnes âgées. En effet, la majorité des personnes âgées ne planifient pas leur démotorisation et continuent donc à conduire malgré leurs capacités déclinantes (Rosenbloom, 2001). Cette dépendance à l'automobile laisse aussi entrevoir une problématique à cause de la connaissance limitée des alternatives de transport, les anciens conducteurs ne les connaissant que peu ou pas, ainsi que d'une incompatibilité de celles-ci envers leurs besoins de mobilité (Alsnih & Hensher, 2003).

2.1.3 Vieillissement et planification des réseaux de transport

Selon le Transportation Research Board (TRB), le vieillissement de la population est l'un des principaux défis au niveau de la planification des réseaux de transport collectif (TRB, 2001). Il est évalué que 25% des personnes de 75 ans et plus auront besoin de transport alternatif à l'automobile (Freund, 2004). Les problématiques sur la qualité de vie et la sécurité des réseaux de transport, énumérées dans la section précédente, démontrent l'importance de fournir des alternatives de transport à la population vieillissante. Toutefois, les réseaux de transport collectif devront adapter leur offre de service afin de pouvoir desservir convenablement et efficacement les ainés. Burkhardt et al (2002) ont identifié trois principaux défis relatifs aux ainés:

- Adapter la qualité du service à leurs besoins;

- Prendre en considération leurs limitations physiques;

- Adapter l'offre de service à leurs besoins spécifiques.

Au niveau de la qualité de service, la majorité des personnes âgées dans le futur auront été des utilisateurs de l'automobile durant la majeure partie de leur vie et auront, par conséquent, de hauts standards au niveau de la mobilité. Il est donc prévu que les personnes âgées demandent des moyens de transport offrant fiabilité, flexibilité, confort et pouvant être une alternative efficace à l'automobile (Burkhardt, McGavock, & Nelson, 2002; Burkhardt, McGavock, Nelson, & Mitchell, 2002).

Les conditions physiques et cognitives déclinantes des personnes âgées peuvent constituer un frein à la mobilité au niveau de la difficulté de marche et de la compréhension du fonctionnement du service. Les limitations physiques peuvent influencer négativement l'accessibilité à l'autobus que ce soit pour se rendre à l'arrêt, embarquer à bord du véhicule, être capable de se tenir debout dans un autobus en marche ou attendre un autobus (Burkhardt, McGavock, & Nelson, 2002; Burkhardt, McGavock, Nelson, et al., 2002; TRB, 1988).

Pour ce qui est de l'offre de service, la concentration de personnes âgées dans des secteurs à faible densité ainsi que la dispersion des activités en périphérie augmentera le nombre de lieux à desservir. Le défi sera d'offrir des services de transport permettant d'accéder à des lieux de résidences et des secteurs d'activités dispersés à travers l'aire métropolitaine à un coût soutenable pour la société. En effet, il est prévu que l'étalement urbain et le vieillissement de la population vont changer la demande en transport ce qui devrait inviter les opérateurs à envisager des formes de transport à la demande (Dejoux, Armoogum, Bussière, & Madre, 2010).

2.2 Comportements de transport des personnes âgées

De nombreux articles présentent différents constats sur la mobilité des personnes âgées. L'objectif de cette section est de résumer ces diverses tendances afin de dresser un portrait précis de la mobilité des personnes âgées dans la littérature.

Tout d'abord, plusieurs études s'intéressent au caractère unique des personnes âgées et justifient qu'une attention particulière leur soit portée. En effet, la mobilité de ce groupe est sensiblement différente des autres groupes de population alors que la diminution de l'importance des déplacements travail élimine les contraintes spatio-temporelles reliées avec ce motif. Les déplacements des personnes âgées dont les principaux motifs sont le magasinage, les loisirs et la santé sont moins contraints et sont donc plus dispersés sur le territoire et à travers la journée (Collia,

Sharp, & Giesbrecht, 2003; Newbold, Scott, Spinney, Kanaroglou, & Paez, 2005; Tacken, 1998). Deuxièmement, les comportements des personnes âgées sont distincts des cohortes précédentes à cause, notamment, de l'amélioration de leurs conditions de santé et de qualité de vie. Elles sont globalement plus riches, indépendantes financièrement, en meilleure santé et fortes consommatrices de biens et de loisirs (Banister & Bowling, 2004; Chen & Millar, 2000; Pochet, 1997). En effet, aux États-Unis, le taux de pauvreté des 65 ans et plus est passé de 35% à 10% entre 1960 et 2002 et leur niveau de consommation a considérablement augmenté (Banister & Bowling, 2004). De plus, l'augmentation de l'espérance de vie en bonne santé et du temps à la retraite suppose que les cohortes futures seront encore plus actives que les présentes (Alsnih & Hensher, 2003; Benlahrech, Le Ruyet, Livebardon, & Dejeammes, 2001; Thibault, 2009). Finalement, les personnes âgées sont aussi un groupe fortement hétérogène tandis qu'on observe une grande variété de comportements selon diverses caractéristiques individuelles. En somme, on peut conclure que les personnes âgées ont des comportements et des caractéristiques différentes comparativement aux autres groupes de population, aux générations précédentes et qu'il existe de grandes variations à l'intérieur même du groupe.

Ces dynamiques de comportements uniques sont la principale attention des différentes études. En effet, celles-ci peuvent être regroupées en trois catégories :

1. Comparaison des comportements entre les différentes cohortes (effets de cohortes);

2. Étude des effets du vieillissement sur la mobilité (effets de l'âge);

3. Étude des différentes variables ayant un effet sur la mobilité.

Cette revue de littérature présente divers indicateurs et compare les conclusions des diverses études. Étant donné que les méthodes d'enquêtes, les années étudiées, la définition des indicateurs ainsi que les territoires (métropole, villes, banlieues, campagne) diffèrent entre les études, le but de cette section est de comparer les tendances plutôt que les données exactes. Toutefois, dans la très grande majorité des articles, un consensus existe : l'utilisation du seuil de 65 ans pour désigner les personnes âgées. Uniquement l'étude de Tacken (1998) utilise le seuil de 55 ans.

2.2.1 Génération des déplacements

L'estimation des tendances liées à la génération de déplacements des personnes âgées, estimée en tant que nombre moyen de déplacements effectués dans une journée, ne fait pas consensus dans la littérature.

Tout d'abord, la majorité des études affirme que l'âge a un effet négatif sur le nombre de déplacements (Chapleau, 2002; Hjorthol, Levin, & Sirén, 2010; Newbold, et al., 2005; Pàez, Scott, Potoglu, Kanaroglu, & Newbold, 2007). Plus spécifiquement, Newbold et al (2005) concluent que le vieillissement de la cohorte diminue le nombre de déplacements faits quotidiennement. Toutefois, différentes études attribuent la diminution du taux de génération des personnes âgées à l'augmentation de la proportion de personnes non-mobiles avec l'âge (Chapleau, 2002; Hjorthol, et al., 2010; Morency & Chapleau, 2007). Dans le même ordre d'idée, en considérant uniquement les personnes ayant effectué des déplacements, les différences entre le nombre de déplacements par jour des personnes âgées et celui de la population sont peu importantes (Bussière & Thouez, 2003; Hjorthol, et al., 2010).

Différentes tendances ont été répertoriées aussi pour les effets de cohortes. Tout d'abord, la majorité des auteurs provenant d'Europe et des États-Unis affirment que la génération de déplacements a augmenté pour les nouvelles cohortes (Collia, et al., 2003; Rosenbloom, 1998, 1999, 2001, 2003, 2007; Rosenbloom & Ståhl, 2002; Tacken, 1998). En effet, aux États-Unis, les travaux de Rosembloom (2001) démontrent une augmentation importante du nombre de déplacements entre 1983 et 1995 : le nombre de déplacements en véhicules par jour aurait augmenté de 77% et le nombre de déplacements moyen par jour aurait augmenté de près de 88%. Par conséquent, le nombre moyen de déplacements des 65 ans et plus aurait considérablement augmenté, passant de deux déplacements par jour à pratiquement quatre en douze ans. Tacken (1998) rapporte une augmentation de l'ordre de 25% sur la période de 1979 à 1994 aux Pays-Bas.

À l'opposé, les auteurs provenant du Canada affirment observer une stabilisation de cet indicateur (Morency & Chapleau, 2007; Newbold, et al., 2005; Scott et al., 2005). Dans la grande région de Montréal (GRM), Morency et Chapleau (2007) observent une stabilisation du taux moyen de déplacement par personne par jour moyen de semaine entre 1987 et 2003. Au Canada, le nombre moyen de déplacements effectués entre 1992 et 1998 aurait légèrement augmenté, mais cette augmentation serait bien inférieure à ce qui a été observé dans les autres cohortes de la population (Scott, et al., 2005). Les études longitudinales effectuées par Newbold et al. (2005) à Toronto démontrent une légère diminution du nombre de déplacements moyens entre les différentes cohortes.

Les articles en provenance des pays scandinaves quant à eux montrent des tendances plus confuses (Hjorthol, et al., 2010; Hjorthol & Sagberg, 1998). Les études provenant des pays scandinaves ont montré tout d'abord que les personnes âgées effectuaient plus de déplacements que les générations précédentes, mais que ces différences s'estompaient à partir de 71 ans (Hjorthol & Sagberg, 1998).

Toutefois, dix ans plus tard, en utilisant des données provenant de la Norvège, de la Suède et du Danemark, Hjorthol (2010) conclut qu'en omettant les déplacements à motif travail, le nombre moyen de déplacements à motif loisirs demeure similaire entre cohortes. Cependant, une augmentation significative du nombre de déplacements à motif magasinage aurait été observée.

En somme, la littérature ne fournit pas de réponses claires sur les tendances liées à la génération de déplacements par cohorte. Toutefois, d'autres études permettent de poser un nouveau regard sur les tendances observées. En effet, Morency & Chapleau (2007) et Hjorthol et al. (2010) ont démontré que le taux de non-mobilité avait diminué entre les cohortes les plus âgées et plus récentes. Plus spécifiquement, une diminution d'environ 5% du taux de non-mobilité sur 15 ans dans la grande région de Montréal a été observée entre les cohortes. Toutefois, une étude effectuée en Allemagne conclut que le taux de non-mobilité serait demeuré semblable entre les différentes cohortes (Brog, Erl, & Glorius, 1998).

Troisièmement, plusieurs chercheurs se sont intéressés à l'analyse de la génération de déplacements du point de vue du motif. En effet, il est évident que l'arrivée à la retraite modifie les activités principales d'une personne, les personnes âgées effectuant, en proportion, plus de déplacements à motif magasinage, santé et pour visiter la famille au détriment du motif travail (Newbold, et al., 2005; Rosenbloom, 2001; Tacken, 1998). Aux États-Unis, Rosembloom (2001) a comparé uniquement le nombre de déplacements à motif non-travail et a conclu que les hommes âgés de 65 à 84 ans effectuent plus de déplacements que les hommes de 65 ans et moins (). Cette tendance a aussi été observée en Norvège, en Allemagne et en Grande-Bretagne. Le sexe semble avoir une influence alors qu'Hjorthol et al (2010) a démontré que, dans les pays scandinaves, les déplacements à motif magasinage sont plus élevés chez les femmes.

Table 6. US total trip and non-work trip rates by age and sex, 1995.

Age	Sex	Total daily		Daily non-work	
		Trips	Miles	Trips	Miles
18–64	Male	4.6	51.3	3.1	29.3
	Female	4.7	37.5	3.7	28.0
65–69	Male	4.4	37.4	3.8	32.0
	Female	3.7	24.9	3.5	23.1
70–74	Male	4.2	34.5	3.8	31.1
	Female	3.4	20.6	3.2	20.0
75–79	Male	3.5	23.8	3.3	21.8
	Female	2.9	16.4	2.8	15.8
80–84	Male	3.4	19.0	3.4	18.5
	Female	2.4	13.0	2.3	12.7
85–89	Male	2.1	13.1	2.0	13.3
	Female	1.3	7.3	1.3	7.2

Note: Non-work excludes trips to and from work and those "work-related".
Source: Unpublished data from 1995 NPTS.

Tableau 2-1 : Comparaison déplacements travail et non-travail (Rosembloom 2001)

Finalement, diverses études démontrent que la génération de déplacements varie selon les caractéristiques de l'individu. Tout d'abord, au niveau du sexe, la majorité des études semblent observer un nombre moyen de déplacements inférieur pour les femmes, même si aux États-Unis et aux Pays-Bas, les tendances observées démontrent une augmentation du taux de génération équivalent à celui des hommes (Rosenbloom, 1998; Tacken, 1998). Des études en Norvège démontrent que la diminution de la propension à se déplacer arrive à des âges moins avancés pour les femmes (Hjorthol & Sagberg, 1998). Au niveau des différences spatiales, Pàez et al. (2007) ont démontré que les comportements des personnes dans la région d'Hamilton diffèrent selon le secteur de résidence, variabilité qui atteindra son apogée pour les 65 ans et plus. La motorisation aurait aussi un impact positif sur la génération de déplacements.

2.2.2 Motorisation

L'augmentation de la motorisation chez les personnes âgées est une tendance acceptée et observée par la majorité des chercheurs (Alsnih & Hensher, 2003, 2005; Benlahrech, et al., 2001; Brog, et al., 1998; Dejoux, et al., 2010; Hjorthol, et al., 2010; Hjorthol & Sagberg, 1998; McGucking & Liss, 2005; Morency & Chapleau, 2007; Rosenbloom, 2001). Plus spécifiquement, à Montréal, Morency & Chapleau (2007) ont démontré que le taux d'accès à l'automobile (caractérisé par le nombre d'automobiles par ménage divisé par le nombre de personnes de 16 ans et plus) a augmenté largement pour toutes les cohortes de personnes âgées. De plus, ce sont les personnes les plus âgées qui ont bénéficié le plus de cette croissance, le taux d'accès à l'automobile des hommes de 85 ans et plus ayant doublé, passant de 20% en 1987 à 40% en 2003. Hjorthol et al. (2010) ont observé une diminution de la non-motorisation des ménages au Danemark, Suède et Norvège, ce déclin étant particulièrement important chez les femmes. Parallèlement à cette diminution des non-motorisés, une augmentation du nombre de ménages multimotorisés (possédant plus d'une automobile) a été observée (Hjorthol, et al., 2010; Pochet, 2003). Rosembloom (2001) démontre que l'augmentation de la possession automobile pour les cohortes les plus âgées a été particulièrement forte en Europe alors que les hommes ont un niveau de motorisation équivalent à celui de l'Amérique du Nord.

La totalité des études traitant des différences entre les hommes et les femmes fait état d'une diminution de l'écart entre les deux sexes, malgré une persistance des différences. Les études de Morency & Chapleau (2007) à Montréal démontrent que

33

l'augmentation importante de la motorisation chez les femmes affecte surtout les cohortes les plus jeunes. En effet, Rosembloom (1998) a observé que les nouvelles cohortes des personnes âgées masculines ont des comportements similaires laissant supposer qu'ils ont atteint un taux de saturation comparativement aux femmes.

L'effet de l'âge sur la motorisation a été peu étudié dans la littérature. Pochet (2003) a affirmé que la démotorisation (perte de mobilité automobile) demeurait marginale avant l'âge de 80 ans. L'étude d'Hjorthol (2010) a conclu que seulement les deux plus vieilles cohortes masculines ont subi une augmentation de la démotorisation sur 20 ans et que celle-ci demeurait très faible. Encore une fois, la démotorisation est différente entre les hommes et les femmes alors que celle-ci affecte de façon plus importante les femmes. En effet, toutes les cohortes féminines ont augmenté leur non-motorisation en vieillissant et parfois jusqu'à doubler. Une plus grande propension à habiter seules et des conditions économiques plus précaires expliqueraient une démotorisation plus importante pour les femmes. Pochet (2003) affirme que la démotorisation totale, qui est caractérisée par une personne qui détient un permis de conduire mais qui vit sans accès à l'automobile demeure d'ampleur limitée jusqu'à 80 ans.

2.2.3 Permis de conduire

Allant de pair avec une croissance de la motorisation, le taux de possession de permis de conduire a aussi fortement augmenté (Hjorthol, et al., 2010; Pochet, 2003, 2005; Rosenbloom, 1999, 2001; Rosenbloom & Ståhl, 2002). En effet, les personnes âgées sont le segment de population dont les différences entre les cohortes sont les plus importantes en terme de permis de conduire (Golob & Hensher, 2007) .Dans les pays scandinaves, Hjorthol (2010) fait état d'une augmentation du taux de possession de permis de conduire à l'arrivée à la retraite, accroissement qui est plus important pour les femmes que les hommes. Cette hausse pour les femmes a été confirmée par Rosembloom (2001) et Pochet (2003) qui démontrent que les plus récentes cohortes féminines tendent à rattraper les hommes, qui semblent avoir atteint leur niveau maximal. Toutefois, Hjorthol et al. (2010) démontrent que l'âge a un effet négatif sur cet indicateur même si les personnes âgées tendent à garder possession de leur permis jusqu'à des âges plus avancés qu'auparavant.

2.2.4 Répartition modale

Cette section présente l'évolution de l'utilisation des différents modes de transport : automobile, automobile-conducteur versus automobile-passager et modes alternatifs.

2.2.4.1 Automobile

Une augmentation généralisée de l'utilisation de l'automobile par les personnes âgées a été constatée partout dans le monde (Morency & Chapleau, 2007; Rosenbloom, 2001; Tacken, 1998; Whelan, et al., 2006). Plus en détail, Morency & Chapleau (2007) ont observé que les personnes âgées utilisaient l'automobile pour 51% de leurs déplacements en 1987 à Montréal, comparativement à 72% en 2008. Aux Pays-Bas, l'utilisation de l'automobile a connu une forte progression avec une augmentation de 50% de déplacements automobiles pour les hommes (Tacken, 1998). Plusieurs auteurs font référence à l'augmentation de la dépendance à l'automobile pour les personnes âgées (Golob & Hensher, 2007; Rosenbloom, 2001).

Rosembloom (2001) affirme que cette augmentation de l'utilisation de l'automobile affecte principalement les cohortes les plus âgées tandis que les nouvelles cohortes ont sensiblement les mêmes comportements que la population active. En effet, aux États-Unis, où les personnes âgées utilisent le plus l'automobile, 92% des déplacements sont faits en automobile ce qui correspond à la même part modale que les 16 à 64 ans.

L'influence du sexe sur l'augmentation de l'utilisation de l'automobile est toutefois mitigée dans la littérature. En effet, alors que Tacken (1998) observe une augmentation inférieure pour les femmes, Hjorthol (2010) relate une croissance supérieure chez les femmes. En effet, dans les pays scandinaves, la part modale de l'automobile chez les femmes aurait augmenté de 30% à 55% tandis que chez les hommes, la croissance serait de 10% seulement (de 70% à 80%). L'âge ne semble pas avoir un effet important pour les femmes, principalement à cause de leur faible utilisation. En effet, les femmes, comparativement aux hommes, ont une part modale de l'automobile durant leur vie active qui est déjà très faible. Par conséquent, le déclin causé par le vieillissement est moins important que chez les hommes. Toutefois, les conclusions de Newbold et al. (2005) vont dans le sens contraire alors qu'ils affirment qu'une personne en vieillissant utilise de plus en plus l'automobile comme moyen de transport.

2.2.4.2 Automobile-conducteur et automobile-passager

L'utilisation de l'automobile a considérablement changé, conséquence d'une augmentation de la motorisation, se traduisant par une augmentation de la proportion de déplacements effectués en tant que conducteurs (Hjorthol, et al., 2010; Pochet, 2003, 2005; Scott, et al., 2005). En effet, Pochet (2003) a démontré que la multimotorisation croissante des ménages modifie les comportements des femmes qui se déplaçaient auparavant majoritairement en tant que passagères et qui deviennent de plus en plus conductrices. Au Canada, Scott (2005) a démontré que malgré une stabilisation de l'utilisation de l'automobile, la part modale de l'automobile-conducteur a largement augmenté au détriment de l'automobile-passager.

Toutefois, Mercado (2011) affirme que l'âge modifie ces comportements, principalement pour les femmes qui sont reléguées au rôle de passagère alors que les hommes continuent de conduire. En somme, le vieillissement ferait passer les individus de conducteur à passager (Rosenbloom, 2001).

2.2.4.3 Modes alternatifs à l'automobile

Chez les personnes âgées, la marche est le mode le plus utilisé après l'automobile et ce, partout dans le monde (Rosenbloom, 2001; Scott, et al., 2005). Scott et al. (2005) observent une augmentation de l'utilisation de ce mode entre 1992 à 1998. Ces tendances sont contraires à ce que Brog et al (1998) ont observé en Allemagne qui fait état d'une diminution considérable de la marche comme moyen de transport. Rosembloom (2001) en analysant les comportements par distance parcourue a démontré que 80% des déplacements de moins de 0.5 km sont faits à la marche alors que 80% des déplacements de plus de 2 km se font en automobile. Tacken (1998) démontre que l'utilisation du vélo demeure importante en vieillissant aux Pays-Bas.

L'utilisation du transport collectif est souvent très faible et s'est stabilisée ou a diminué (Rosenbloom, 2001). Aux États-Unis, les nouvelles cohortes de personnes âgées seraient moins susceptibles que les cohortes précédentes d'utiliser le transport collectif (Rosenbloom, 2001). En Norvège, les hommes de 64-70 ont effectué 70% moins de déplacements en transport en commun entre 1985 et 1992 (Rosembloom, 2001).

37

2.2.5 Caractéristiques des déplacements

Les déplacements seront analysés selon la distance, la durée et la complexité, la répartition temporelle et la répartition spatiale.

2.2.5.1 Distance et durée moyenne

L'augmentation des distances moyennes des déplacements est acceptée dans littérature internationale. À Montréal, Morency (2007) fait état d'une augmentation de près de 30% en 15 ans, tandis que Tacken (1998), aux Pays-Bas, observe une croissance de l'ordre de 60% en 21 ans. Toutefois, Brog (1998) parle quant à lui d'une stabilisation de la distance parcourue par les personnes âgées. Mercado (2008) a démontré l'effet négatif de l'âge sur la longueur moyenne des déplacements, diminution attribuable au transfert modal des personnes âgées vers des modes alternatifs à l'automobile-conducteur. .

Les différences entre les hommes et les femmes semblent diverger selon les pays. Tacken (1998) démontre que les augmentations sont similaires pour les deux sexes comparativement à Rosembloom (2001) qui affirme que la distance moyenne a crû de manière moins importante que celles des hommes. Ces tendances ont été confirmées en Australie par Golob (2007) et à Hamilton par Mercado (2008).

Scott (2005) confirme que la durée des déplacements des personnes âgées a augmenté considérablement entre 1992 et 1998. Ces conclusions viennent contredire celles de Brog (1998) qui observe une diminution de la durée moyenne des déplacements entre les différentes cohortes. Mercado (2008) démontre que le vieillissement d'une personne diminue la durée de ses déplacements. Newbold (2005) établit que les différences entre les hommes et les femmes tendent à diminuer.

2.2.5.2 Répartition spatiale et temporelle

La diminution des déplacements à motif travail et loisirs modifie la répartition temporelle et spatiale des déplacements. En effet, la majorité des chercheurs affirment que la répartition temporelle des personnes âgées est différente des autres cohortes d'âges alors qu'elles tendent à se déplacer en majorité entre les heures de pointe (Alsnih & Hensher, 2003; Morency & Chapleau, 2007; Scott, et al., 2005). Toutefois, Scott (2005) démontre qu'entre 1992 et 1998, une augmentation de la proportion des déplacements en période de pointe du soir est perceptible.

De plus, les lieux d'activités de loisir n'étant pas aussi concentrés que les lieux de travail, les personnes âgées tendent à être plus dispersées dans l'aire métropolitaine (Burkhardt, McGavock, & Nelson, 2002).

2.2.5.3 Chaines de déplacements

Une chaine de déplacement consiste en une série de déplacements interreliés effectués par les individus dans le but de consolider leurs activités. Une chaine de déplacement complexe est lorsqu'une personne visite plusieurs destinations sans retourner à son point de départ (Valiquette, 2010).

À Montréal, la complexité des déplacements est demeurée stable alors que 20% des déplacements impliquaient des déplacements complexes (Morency & Chapleau, 2007). Il est observé que la proportion de chaines de déplacements complexes augmente avec l'âge alors qu'il y a une diminution du nombre de chaines de déplacements totales (Alsnih & Hensher, 2003; Golob & Hensher, 2007). Toutefois, tel que souligné par Dejoux (2010), les personnes âgées avec difficultés de déplacement auraient des chaines de déplacements moins complexes.

2.2.6 Localisation résidentielle

Les personnes âgées vieillissent là où elles ont vécu la majorité de leur vie. Par conséquent, les nouvelles cohortes de personnes âgées qui, dans le but de fonder une famille s'étaient établies en banlieue, décident d'y demeurer et, par conséquent, résident de plus en plus loin en périphérie (Frey, 2003; Rosenbloom, 2003; Séguin, Apparicio, & Negron, 2008). En effet, les personnes âgées des États-Unis ont les taux de déménagement les plus bas comparativement aux autres groupes d'âge (Rosenbloom & Ståhl, 2002).

Par conséquent, comparativement aux cohortes précédentes, les personnes âgées vivent majoritairement dans les périphéries et les banlieues dans les secteurs où les densités sont les plus faibles et avec une concentration de services moins importante (Pochet, 2003). Au Canada, une analyse dans la région de Montréal démontre un rajeunissement des quartiers centraux, un vieillissement de la première couronne et une faible présence de la population âgée dans les couronnes les plus éloignées (Séguin, et al., 2008). Une dispersion plus rapide des personnes âgées comparativement à la population active a été observée entre 1987 et 2003 permettant de conclure à un étalement urbain important de ce groupe (Morency & Chapleau, 2007). Les projections de population supportent cet étalement urbain : la majorité des personnes âgées vivront dans les banlieues dans le futur (Thibault, 2009). Selon Séguin et al. (2008), la diversification de l'offre de logement et l'embourgeoisement des quartiers centraux viennent encourager ces tendances. Alsnih & Hensher (2003) démontrent qu'en vieillissant, les personnes âgées, voulant se rapprocher de leurs enfants qui résident majoritairement en banlieue, déménagent pour habiter celle-ci.

2.3 Modélisation des comportements

La troisième section de la revue de littérature présente un bref aperçu des différents modèles utilisés en transport pour effectuer la projection de la mobilité. Après un court historique du développement des approches de modélisation, divers exemples de projection de mobilité appliqués aux personnes âgées seront présentés.

2.3.1 Historique de développements des modèles

Depuis leur apparition dans les années 1950, trois générations de modèles, selon une catégorisation effectuée par Manheim, se sont succédées (Bush, 2003). La première génération est centrée autour du modèle de la procédure séquentielle classique à quatre étapes, dont la modélisation est effectuée à l'aide de données agrégées. Le territoire est divisé en différentes zones à caractéristiques uniques possédant toutes un centroïde d'où sont générés et attirés les déplacements.

Les quatre étapes de modélisation du modèle sont :

1. Nombre de déplacements (Génération)

2. Origine et destination des déplacements (Distribution)

3. Utilisation de différents modes de transport (Répartition modale)

4. Distribution des déplacements sur le réseau (Affectation)

Toutefois, ces méthodes de projection ont des défauts à cause de l'agrégation des données de mobilité (Bush, 2003). Dans un contexte de prévision de la mobilité, plusieurs erreurs peuvent découler du fait que ces modèles ne prennent pas en considération les différences de génération (entre cohortes), mais font des prédictions en se basant sur les comportements des cohortes actuelles. De plus,

41

agrégeant les individus par secteur, l'analyse agrégée oblige l'uniformité comportementale d'un secteur (Desharnais, 2009). Par conséquent, ces modèles ne permettent pas d'obtenir un degré de précision suffisamment pertinent et ne fournissent que des indicateurs au niveau de la génération de déplacements et des distances parcourues (Bush, 2003).

La deuxième génération de modèles désagrégés a été développée dans le but de pallier aux problèmes de l'agrégation des données en utilisant des données désagrégées. Le but premier étant de modéliser les comportements individuels des personnes en éliminant l'uniformité comportementale d'un secteur (Desharnais, 2009). L'analyse désagrégée tente de mieux représenter les décisions des individus en lien avec leurs caractéristiques socio-économiques, les caractéristiques d'un système de transport et les comportements de déplacement qui en découlent (Desharnais, 2009). La modélisation s'appuie sur le concept d'utilité provenant des théories micro-économiques, l'individu tentant de maximiser l'utilité de son déplacement. Toutefois, ces modèles ne permettent pas d'analyser les déplacements comme demande dérivée et ne tiennent pas compte des différences de comportement des individus (Bush, 2003).

Finalement, la troisième génération de modèle permet de prendre en considération l'évolution des comportements des individus en traitant les déplacements comme étant la demande dérivée du désir ou du besoin de participer à des activités (Bush, 2003). La projection de la mobilité des individus est donc plutôt concentrée sur l'analyse comportementale et/ou historique des habitudes de la mobilité. Les modèles d'activité et les modèles démographiques découlent de cette manière de penser les déplacements.

2.3.2 Modélisation des comportements des personnes âgées

Cette section présente le modèle IMPACT ainsi que le modèle âge-période-cohorte (Maoh, Kanaroglou, Scott, Paez, & Newbold, 2009).

2.3.2.1 Modèle IMPACT

Le modèle IMPACT (*Integrated Model for Population Ageing Consequences on Transportation*) est une application utilisant la procédure séquentielle classique (modèle de première génération) et permettant d'être intégré dans un système d'information géographique (SIG). Il s'agit donc d'une application GIS-T (*Geographic information system for transportation purposes*) ou SIG-Transport (Système d'information géographique-transport). Ce modèle permet d'évaluer les conséquences des changements démographiques et leur impact sur la mobilité des personnes âgées. Le modèle a été présenté en 2009 dans un article par Maoh et al. de l'université McMaster à Hamilton. La structure du programme est présentée dans la Figure 2-1. Le programme SIG-T contient trois modules : démographique, transport et environnemental. Le modèle démographique projette la population. Le module de transport projette les déplacements pour deux types de population : 15 ans et plus et population de 15 à 64 ans. La différence entre les deux projections permet d'obtenir la mobilité des personnes âgées. Huit générations de déplacements, seize répartitions modales et seize distributions de déplacements différentes sont générées par le modèle. Finalement, le module environnemental permet de calculer différents indicateurs, dont le temps de parcours, ainsi que le taux estimé de différents polluants dans l'atmosphère (Co^2, Nox, etc).

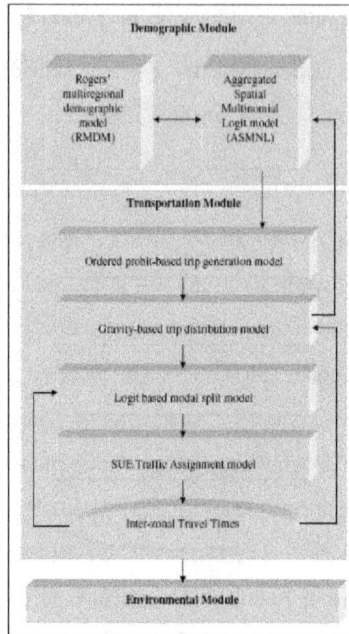

Fig. 3. General structure of IMPACT.

Figure 2-1 : Structure générale du modèle IMPACT (Maoh et al, 2009)

2.3.2.2 Modèles âge-période-cohorte

Les modèles démographiques sont mieux connus sous le nom d'analyse de cohortes ou modèle âge-période-cohorte. Alors que ceux-ci ont majoritairement été utilisés en démographie et en épidémiologie, leur application au transport reste peu fréquente. Gallez (1994) a été une des premières à l'appliquer dans le but de projeter la structure du parc automobile en France (Bussière, Armoogum, & Madre, 1996; Gallez, 1994b; Madre, 2002). Par la suite, le modèle a été raffiné par Krakutosvki (2004) afin de faire un modèle permettant la projection à long terme

44

de la mobilité (Dejoux & Armoogum, 2010; Dejoux, et al., 2010; Krakutovski, 2004; Krakutovski & Armoogum, 2008). Cette méthode a été utilisée par Virginie Dejoux (2009) dans un article sur la projection de la mobilité d'une population vieillissante de Montréal. Celle-ci avait projeté la motorisation, le nombre de déplacements ainsi le budget-distance (distance moyenne parcourue quotidiennement). Les résultats font état d'une augmentation du nombre de ménages sans voitures, d'une légère augmentation du nombre de ménages avec une voiture et une diminution des ménages multimotorisés. L'auteure prévoit aussi une plus grande augmentation des distances moyennes de déplacements chez les personnes âgées que dans l'ensemble de la population. Les personnes âgées devraient aussi se déplacer plus, même si des différences importantes demeurent à cause de la répartition spatiale (déplacements plus longs en périphérie) et de la motorisation (plus de déplacements pour les ménages motorisés).

Bush (2003), dans sa thèse de doctorat, a effectué une intégration de l'analyse de cohortes et de la modélisation de la demande en transport. Elle fait mention du rattrapage des cohortes féminines sur la mobilité des hommes. De plus, l'effet de l'âge commencerait à devenir plus important à partir de 75 ans. Les projections sont obtenues en termes de probabilité d'effectuer un tel type de déplacement. De plus, elle conclut que les prochaines cohortes de personnes âgées seraient plus susceptibles d'utiliser les modes alternatifs que les précédentes cohortes. En dernier lieu, elle affirme que l'étalement urbain et la motorisation vont augmenter le besoin pour le transport à la demande.

Finalement, ces modèles peuvent aussi servir à comprendre comment un phénomène se répand dans la population. Récemment, un modèle APCRA (âge-période-cohorte-secteur de résidence) a été appliqué afin de comprendre comme

45

l'utilisation de l'automobile et la motorisation chez les personnes âgées (Sun, Wang, Huang, & Kitamura, 2011).

Toutefois, son utilisation reste mineure dans le domaine de la projection de la mobilité et la richesse des données de ce projet permettra d'effectuer diverses analyses. Une explication plus complète des modèles démographiques sera effectuée dans les sections 3.1et 3.2 ainsi que dans le chapitre 5.

CHAPITRE 3   MÉTHODOLOGIE D'ANALYSE DÉMOGRAPHIQUE ET SYSTÈME D'INFORMATION

L'analyse démographique est une méthode d'analyse permettant de décortiquer les changements de comportements dans la population. Les tendances observées sont l'objet d'analyse et le but est de comprendre les moteurs de ces transformations d'un point de vue historique. Ce chapitre est une introduction à l'analyse démographique. La première section présente les notions fondamentales liées à ce type d'analyse. La deuxième section décrit les différentes méthodologies d'analyse démographique descriptives. Finalement, la dernière section présente les bases de données utilisées pour appliquer ces méthodologies d'analyse au vieillissement de la population dans la Grande région de Montréal (GRM).

3.1 Notions fondamentales

L'analyse démographique (ou modèle démographique) est une méthode de recherche développée par les démographes dans les années 1950 dont les premières applications portaient sur l'explication des différences de fertilité dans la population (Glenn, 1977). Ce type d'analyse sert à décortiquer les évolutions dans le temps d'un phénomène (tendances) à travers les effets temporels de la génération (effets de cohortes), de la période d'observation (effets de période) et de l'âge (effets de l'âge) (Yang, 2006). Le paradigme principal des modèles démographiques suppose qu'il est possible de connaître les comportements d'un individu en sachant son âge, sa date de naissance et la période. Cette section vise à présenter ces trois effets et à présenter comment ceux-ci affectent les comportements.

3.1.1 Effet d'âge

L'effet d'âge correspond au changement des comportements qui sont attribuables au vieillissement d'un individu. Toutefois, le simple fait de vieillir (passer d'un âge à un autre) ne modifie pas de manière significative les comportements d'un individu. Les changements de comportements liés à l'âge sont plutôt attribuables à une modification des caractéristiques biologiques, sociales ou psychologiques des individus (Glenn, 1977) :

- Au niveau biologique, les changements de comportements sont souvent dus à la détérioration de la santé physique d'un individu. L'ampleur et la rapidité de ces changements varient entre les individus pour des raisons environnementales et héréditaires. Par exemple, dans le cadre du transport, la diminution de la santé physique tend à avoir un impact négatif sur le nombre de déplacements effectués et sur le choix du mode de transport utilisé pour se déplacer.

- Au niveau social, les changements de comportement d'une personne sont imputables aux transformations dans ses activités, son réseau social et ses caractéristiques socio-économiques. Tout d'abord, l'arrivée à la retraite modifie les motifs de déplacements d'une personne affectant ainsi ses habitudes de transport. Toutefois, ces changements ne sont pas directement causés par le vieillissement, mais plutôt par une altération dans les activités de la personne, la retraite pouvant être prise à différents âges selon les individus. En second lieu, le réseau social d'une personne joue un rôle prédominant dans les comportements et une modification dans ce réseau peut avoir des répercussions sur ses comportements. En effet, ce réseau social, composé de la famille et des amis, apporte du support et de l'aide pour les déplacements et constitue souvent une bonne partie des raisons de déplacements (visite d'amis, famille, activités de loisir, etc). Par exemple, au niveau du transport, lorsqu'une personne est très âgée, elle se déplace souvent avec l'aide d'une autre personne en tant que passagère dans une automobile. Toutefois, à mesure que la personne vieillit, le réseau social vieillit aussi et des décès y surviennent, réduisant le nombre de membres en faisant partie, diminuant ainsi le support, l'aide et les raisons que cette personne a pour se déplacer. Ces modifications du réseau social auront des impacts sur les comportements de la personne. Finalement, une modification dans les caractéristiques socio-économiques d'une personne (précarité financière pour des personnes plus âgées) a aussi des conséquences sur la mobilité d'une personne (possession automobile) ainsi que les activités (moins de loisirs).

- Au niveau psychologique, les changements dans la personnalité, les attitudes et les valeurs d'une personne peuvent l'amener à modifier ses comportements (Glenn, 1977). Il est toutefois beaucoup plus difficile de quantifier l'impact de cette dimension du vieillissement.

En somme, l'effet de l'âge est complexe à évaluer, différents facteurs sont à prendre en considération. Par exemple, une arrivée à la retraite plus tardive d'une cohorte comparativement à une autre peut mener à des conclusions erronées sur l'effet de l'âge si cet aspect n'est pas pris en compte. Par conséquent, dans le but de mesurer uniquement l'effet biologique du vieillissement sur les comportements, il convient de tenter de limiter au maximum la variabilité sociale du vieillissement. Toutefois, cette méthode a ses limites, une dégradation de la santé physique aura potentiellement des répercussions négatives au niveau social et vice-versa. Ainsi, il est impossible de séparer complètement les effets biologiques des effets sociaux, ces effets étant fortement reliés entre eux.

3.1.2 Effet de cohorte

L'effet de cohorte correspond à l'influence de l'année de naissance sur les comportements des invididus. Cet effet représente le changement social historique qui survient dans nos sociétés : l'amélioration du niveau de vie des cohortes plus jeunes, l'apparition de diverses technologiques, etc. Une cohorte est définie comme un groupe de personnes ayant vécu des évènements similaires au même âge. La définition de la cohorte peut prendre plusieurs formes. La majorité des études regroupe les individus selon l'année de naissance par groupe de 5 ou 10 ans (cohorte 1900-1905, cohorte 1900-1910). Cependant, il est possible d'y donner une définition plus large selon l'historique de la propagation d'un phénomène. Par exemple, pour l'étude de diverses tendances liées à l'automobile (nombre de déplacements, distance parcourue), Yillin (2011) a effectué des regroupements basés sur l'historique du phénomène (cohorte prémotorisation, cohorte motorisée, cohorte multimotorisée)

3.1.3 Effet de période

L'effet de période représente les changements fondamentaux de société attribuables à des évènements historiques (crises, guerres, famines) ou des tendances (montée du prix de l'essence, changements dans l'offre de transport) qui affectent toute la population simultanément et de la même manière (effet équivalent pour tous les individus).

3.2 Méthodologie d'analyse

L'analyse démographique comporte plusieurs méthodes d'identification des effets âge-période-cohorte (APC) qui se divisent en deux familles : les méthodes non-rigoureuses et rigoureuses (Glenn, 1977). Les méthodes non rigoureuses consistent à estimer et identifier les effets sans toutefois pouvoir les quantifier.

Les méthodes rigoureuses quantifient les effets APC à l'aide de différents modèles. Cette section vise à donner un aperçu des deux méthodes.

3.2.1 Méthodes non rigoureuses

Le principal outil d'analyse des méthodes d'analyse non rigoureuses (ou descriptives) est le diagramme de Lexis qui permet d'explorer rapidement comment les tendances évoluent en fonction de l'âge, de la cohorte et la période d'un individu (Figure 2-2). Cet outil a été développé à la fin du 19e siècle par des démographes allemands à la recherche d'un outil permettant de représenter les dynamiques de la population et d'établir des tables de mortalité (Sala, 2009). Il permet de représenter graphiquement avec deux axes les effets d'âge, de période et de cohorte (de naissance) dans la forme âge+cohorte=période. Le diagramme de Lexis permet de combiner deux types d'analyse :

- **L'analyse transversale** (ou inter-cohorte, synchronique), qui permet de comparer les comportements de mobilité des individus par année fixe. Ce type d'analyse permet de comparer pour un âge donné, l'évolution des comportements sur plusieurs années. Les enquêtes Origine-Destination (OD), décrites dans la section suivante, sont de type transversal dans la mesure où il n'y a pas un suivi d'un groupe de population, l'échantillon étant différent à chaque enquête. Les traits pleins dans la Figure 2-3 correspondent à une analyse transversale de la mobilité. Elle permet d'évaluer comment le nombre de déplacements individuels par jour a évolué entre 1976 et 1998 pour divers groupes d'âge.

- **L'analyse longitudinale** (intra-cohorte, synchronique), qui effectue le suivi de comportements d'un échantillon fixe. Ce type d'enquête étudie la variabilité des comportements d'un même échantillon sur une période déterminée. L'application de la méthode des pseudo-cohortes permet d'exploiter les données des enquêtes OD pour faire une étude

51

longitudinale. Cette méthode dérive une année de naissance à chaque individu selon la formule période-âge=cohorte. Les traits pointillés dans la Figure 2-3 correspondent à une analyse longitudinale de la mobilité par méthode pseudo-cohorte, permettant ainsi d'évaluer l'effet de l'âge sur le comportement des cohortes.

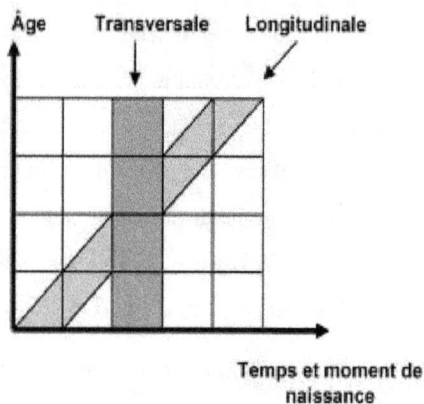

Figure 2-2 : Diagramme de Lexis (Sala, 2009)

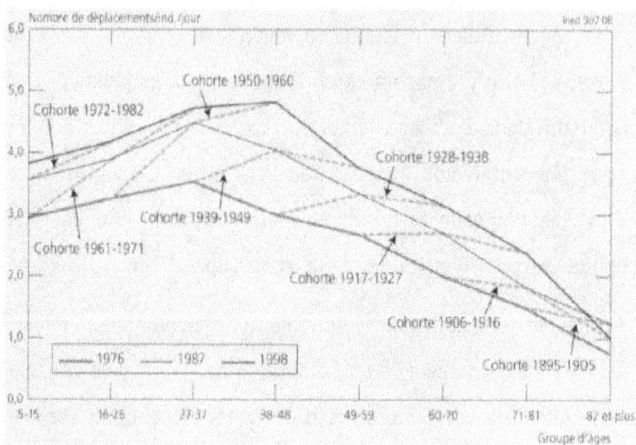

Figure 2-3 : Démonstration graphique de l'analyse transversale et longitudina (Krakutovski & Armoogum, 2008)

3.2.2 Méthodes rigoureuses

Le principal outil des méthodes rigoureuses d'analyse des comportements est le modèle âge-période-cohorte (APC). Ces modèles, dont plusieurs formes existent, ont été développés pour analyser les données provenant du diagramme de Lexis et des analyses transversales et longitudinales. L'objectif des modèles APC est de quantifier à l'aide d'un modèle mathématique les effets d'âge, de période et de cohorte. Ces modèles nous apparaissent plus intéressants car ils permettent de faire la projection de la mobilité et de mieux comprendre l'importance relative des effets d'âge-période-cohorte.

Toutefois, la complexité des modèles âge-période-cohorte et leurs nombreuses limitations (la méthodologie et les biais sont présentés dans le chapitre 5) font en sorte qu'ils ne peuvent être utilisés sans avoir préalablement analysé les différentes tendances par des méthodes non rigoureuses (Glenn, 2005; Sala, 2009). Par conséquent, le chapitre 4 présente une analyse des tendances et émet diverses hypothèses sur les effets APC qui seront confirmés ou infirmés par le modèle âge-période-cohorte.

3.2.3 Limitations et biais de l'analyse démographique

L'analyse démographique, autant par méthode rigoureuse que descriptive, est entachée de trois limitations et biais (Glenn, 1977, 2005).

3.2.3.1 Échantillon

L'utilisation de bases de données transversales présente certains biais au niveau de l'échantillonnage. En effet, comparativement à une enquête longitudinale qui étudie les mêmes personnes à chaque enquête, une enquête transversale interroge des individus différents à chaque enquête. Par conséquent dans une enquête transversale, il est impossible d'affirmer avec certitude que les changements observés dans les comportements de la population sont attribuables à des effets d'âge-période-cohorte plutôt qu'au simple fait que l'échantillon de personnes interrogées est différent. Ce problème est encore plus important lorsque des échantillons très petits sont traités.

3.2.3.2 Mortalité intra-cohorte

La population de chaque cohorte diminue entre les différentes enquêtes (sauf s'il y a un important mouvement migratoire) à cause de la mortalité. Ne sachant pas comment les personnes décédées se seraient comportées, cette mortalité peut amener des biais si leurs comportements différaient des personnes vivantes. Ce biais est présent si les tendances étudiées ont un impact sur l'espérance de vie, étant impossible d'attribuer les changements de comportements aux effets APC plutôt qu'à un changement dans la constitution de la cohorte. La proportion de fumeurs dans la population qui diminue à mesure que les cohortes vieillissent est un exemple courant dans la littérature pour illustrer ce biais. En effet, étant donné que l'espérance de vie est moins grande chez les fumeurs, la diminution de fumeurs dans les cohortes les plus âgées n'est pas due au fait que vieillir réduit la propension d'une personne à fumer, mais plutôt à la mort des fumeurs. Dans le cadre de ce projet portant sur le vieillissement de la population, une attention particulière sera portée sur ce biais, car, dans le cas de l'enquête OD, la sélection téléphonique de l'échantillon des répondants mène à un biais. En effet, les personnes âgées vivant en résidence ou en CHSLD ne peuvent pas faire partie de l'échantillon n'ayant pas, pour la plupart, de lignes téléphoniques individuelles. Par conséquent, lorsque la santé d'une personne se dégrade de façon importante et qu'elle n'a plus l'autonomie nécessaire pour demeurer à domicile, elle est exclue de l'échantillon de l'enquête OD. Cet échantillonnage agit comme un filtre étant donné que les personnes âgées interrogées sont donc en meilleure santé ou possèdent un support familial plus important. Dans ce cas, différentes tendances observées pour les personnes les plus âgées peuvent être causées par ce changement dans l'échantillon. L'annexe 11 présente un exemple de biais de mortalité et démontre comment un modèle âge-période-cohorte permet de limiter ces erreurs.

3.2.3.3 Colinéarité des effets d'âge, période et de cohorte

Finalement, la troisième limitation concerne les objets d'analyse des modèles démographiques qui sont les effets d'âge, période et cohorte. La relation très forte entre ces trois effets complexifie l'interprétation des tendances, chaque variation du comportement pouvant être interprétée comme un seul effet ou une combinaison de plusieurs effets. Par exemple, une diminution de la propension à se déplacer d'une personne entre 65 ans et 70 ans serait habituellement perçue comme effet négatif de l'âge. Toutefois, il est possible que l'âge ait un effet nul et que la diminution soit causée par une combinaison d'un effet de cohorte et de période. De plus, il est aussi possible que l'absence de changements de comportements cache des effets. En effet, un effet d'âge négatif qui serait compensé par un effet de période négatif qui annulerait toute variation comportementale entre 65 et 70 ans. En somme, une identification exacte et certaine des trois effets est théoriquement impossible. Il est toutefois possible de proposer des estimations, des tentatives d'explicatives dont les résultats ne doivent pas être interprétés comme étant définitifs.

3.3 Système d'information

Cette section vise à présenter la base de données utilisée et les échantillons utilisés pour l'analyse transversale et longitudinale.

3.3.1 Source des données et territoire

Ce mémoire profite de la présence, dans la Grande région de Montréal (GRM), d'enquêtes Origine-Destination (OD) qui sont effectuées tous les cinq ans depuis

1970. Les données collectées permettent de retracer les informations relatives aux ménages, personnes et aux déplacements afin de dresser un portrait global de la mobilité dans la GRM. Les bases de données des enquêtes OD sont de type totalement désagrégé permettant de retracer chaque déplacement avec un niveau de résolution spatial très fin (coordonnées x,y des origines et destinations) (pour plus d'informations, voir http://www.transport.polymtl.ca/eodmtl/carac.htm).

Initées par la STCUM pour ses besoins de planification, ces enquêtes sont supervisées par le secrétariat aux enquêtes OD qui implique plusieurs organismes publics tels que l'Agence métropolitaine de transport (AMT), la Société de transport de Montréal (STM), la Société de transport de Laval (STL), le Réseau de transport de Longueuil (RTL), le gouvernement du Québec (ministère des Transports et ministère des Affaires municipales, des Régions et de l'Occupation du territoire) et l'association des CITs (voir http://www.amt.qc.ca/agence/portrait_mobilite/enquete_od.aspx. L'enquête Origine-Destination rejoint la population par téléphone et rassemble un échantillon d'environ 5% de la population. La dernière enquête effectuée à l'automne 2008 a permis de collecter l'information auprès de 66 100 ménages rejoignant ainsi plus de 156 700 individus.

Pour cette recherche, les données provenant des cinq dernières enquêtes réalisées en 1987, 1993, 1998, 2003 et 2008 seront utilisées afin d'analyser les grandes tendances de mobilité chez les différentes générations de personnes âgées.

Le territoire de l'enquête Origine-Destination englobe celui de la GRM et est
modifié à chaque enquête afin de mieux représenter les dynamiques d'expansion

Figure 2-4 : Territoire couvert par les différentes enquêtes (AMT, 2008)

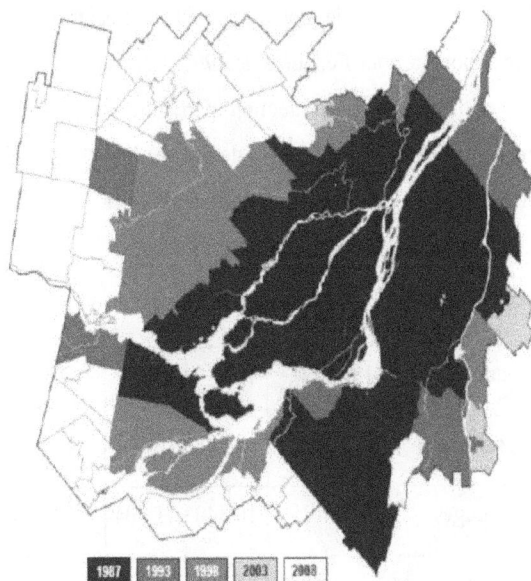

et d'étalement urbain. La Figure 2-4 présente l'expansion des territoires
d'enquête. Dans le cadre de ce projet, afin de conserver la comparabilité entre
les enquêtes, les données utilisées proviennent des ménages résidant dans le
territoire de 1987.

3.3.2 Analyse transversale

Le but de l'analyse transversale étant de comparer les comportements par âge
entre différentes enquêtes, les personnes âgées de 65 ans et plus seront étudiées.
Le Tableau 2-2 présente l'échantillon selon les différentes enquêtes.
L'échantillon des personnes 65 ans et plus est pratiquement similaire pour les
enquêtes de 1987 à 2003, à l'exception de 1998 qui est légèrement supérieur.

Toutefois, l'enquête de 2008 a un échantillon largement supérieur, de près de 7 000 personnes. Le nombre de ménages suit les mêmes tendances que les personnes.

Le nombre de personnes par ménage est similaire entre les enquêtes. Toutefois, au niveau des déplacements, le nombre de déplacements par personne est beaucoup plus important pour l'enquête de 1993. Cette enquête pourrait biaiser les tendances observées et une attention particulière serait portée lors de l'analyse descriptive afin de ne pas poser de fausses hypothèses. Idéalement, la modélisation âge-période-cohorte permettrait d'éliminer le biais de l'enquête 1993 en attribuant les changements à des effets période.

Tableau 2-2 : Échantillon des 65 ans et plus selon l'année d'enquête

Indicateur/Enquête	1987	1993	1998	2003	2008
Nombre de personnes	13 551	13 705	15 174	13 569	20 750
Nombre de ménages	10 194	10 340	11 404	10 196	15 514
Nombre de déplacements	18 463	24 501	25 277	21 006	30 728
Personnes par ménage	1.33	1.33	1.33	1.34	1.34
Déplacements par personne	1.36	1.78	1.66	1.54	1.48

Dans le cadre de ce projet, il est important d'analyser en profondeur la distribution des âges déclarés. La Figure 2-5 présente l'échantillon pour l'enquête OD 2008 des 65 ans et plus. Cette figure permet de conclure qu'il y a une surreprésentation des personnes âgées dont l'âge termine par un chiffre rond (0,5), illustrée par une bordure noire. Cette distribution erronée serait due à une déclaration fautive du répondant ou possiblement à un biais dans l'imputation de l'âge des individus, démontrant ainsi la nécessité de pondérer les données. Par conséquent, une agrégation des personnes en groupe de 5 ans sera effectuée en arrondissant l'âge vers le bas : le groupe des 65 ans sera constitué des personnes de 65, 66, 67, 68 et 69 ans. Finalement, la taille de l'échantillon peut poser problème car elle diminue sensiblement pour les personnes les plus âgées. Par conséquent, afin de garder un échantillon minimum de 30 observations (seuil minimal utilisé dans ce mémoire), une agrégation des 90 ans et plus sera effectuée dans la majorité des cas.

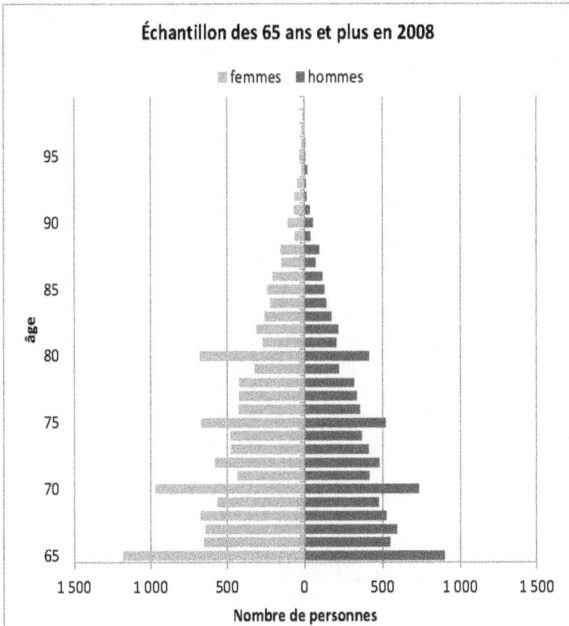

Figure 2-5 : Échantillon de personnes de l'enquête 2008 pour les 65 ans et plus

3.3.3 Analyse longitudinale

Le but de l'analyse longitudinale est de suivre le comportement des différentes cohortes à travers les différentes enquêtes. Bien que les enquêtes OD ne soient pas des bases de données longitudinales, il est possible d'en recréer la forme, selon la méthode des pseudo-cohortes basée sur l'âge des individus. Par conséquent, à chaque enquête une dérivation de l'année de naissance des individus sera effectuée selon la forme période-âge=cohorte. Toutefois, un problème apparait, car si la majorité des enquêtes sont espacées de cinq ans, celle de 1993 s'est déroulée six ans après celle de 1987. Par conséquent, les enquêtes postérieures à 1987 seront diminuées d'un an (1992, 1997, 2002 et 2007) pour dériver l'année de naissance. Cette modification n'apparait pas trop importante (1 année pour 20 ans d'enquêtes). Le Tableau 2-3 présente la constitution des cohortes selon l'âge et l'année d'enquête et la Figure 2-6 présente l'échantillon des différentes cohortes selon l'année d'enquête.

Dans le cadre de ce projet, uniquement les cohortes en couleur dans le tableau ci-dessous seront étudiées. L'analyse longitudinale effectue le suivi des comportements de la cohorte de 1937 jusqu'à la cohorte de 1902. Les cohortes de 1942 et de 1897 sont intégrées pour l'analyse transversale.

Tableau 2-3 : Suivi des cohortes de naissance

Âge/Période	1987	1993	1998	2003	2008
50	*1937*	1942	**1947**	1952	**1957**
55	1932	**1937**	1942	**1947**	1952
60	**1927**	1932	**1937**	1942	**1947**
65	1922	**1927**	1932	**1937**	1942
70	**1917**	1922	**1927**	1932	**1937**
75	1912	**1917**	1922	**1927**	1932
80	**1907**	1912	**1917**	1922	**1927**
85	1902	**1907**	1912	**1917**	1922
90+	**1897**	1902	**1907**	1912	**1917**

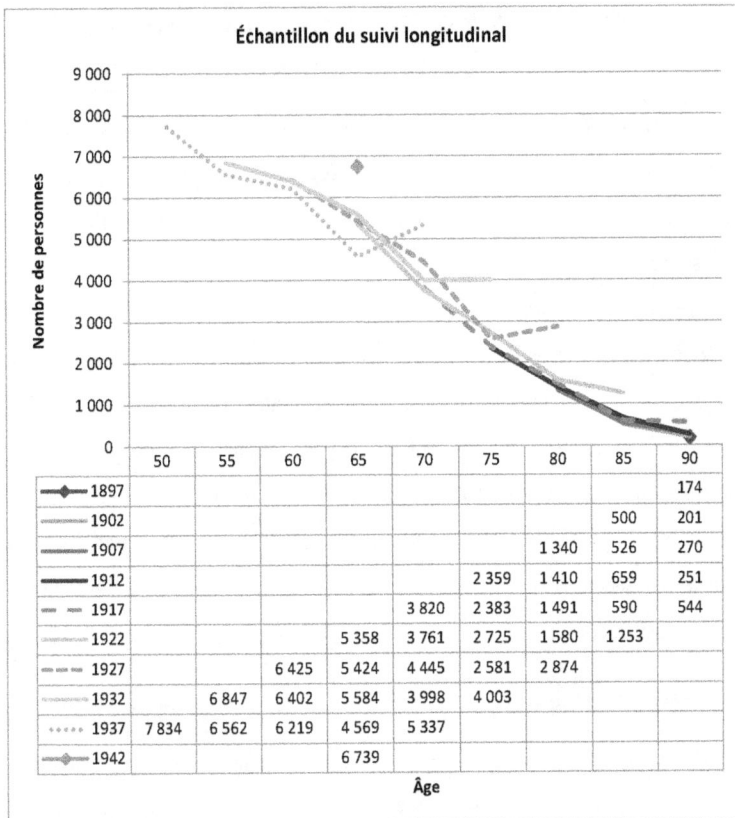

Échantillon du suivi longitudinal

	50	55	60	65	70	75	80	85	90
◆ 1897									174
1902								500	201
1907							1 340	526	270
1912						2 359	1 410	659	251
– – 1917					3 820	2 383	1 491	590	544
1922				5 358	3 761	2 725	1 580	1 253	
– – 1927			6 425	5 424	4 445	2 581	2 874		
1932		6 847	6 402	5 584	3 998	4 003			
⋯ 1937	7 834	6 562	6 219	4 569	5 337				
◆ 1942				6 739					

Âge

Figure 2-6 : Échantillon de l'analyse longitudinale

61

CHAPITRE 4   ANALYSE DESCRIPTIVE DES TENDANCES DU VIEILLISSEMENT

Ce chapitre a comme objectif de décrire les différentes tendances de mobilité des personnes âgées et d'émettre des hypothèses sur la présence et l'ampleur des effets d'âge, de période et de cohorte. Comme énoncé dans le chapitre 3, cette analyse préliminaire est nécessaire à toute modélisation APC. Le but de ce chapitre est aussi de dresser le portrait de la mobilité des personnes âgées, tous les indicateurs présentés ici n'étant pas repris dans la modélisation. Cette analyse tendancielle descriptive portera sur l'évolution de différents indicateurs entre 1987 et 2008. Ceux-ci sont regroupés en quatre sections : l'analyse démographique, l'analyse de la mobilité, l'analyse de la population mobile et finalement l'analyse des déplacements. En plus d'une analyse par âge, une analyse par secteur de résidence, par sexe et par taux d'accès à l'automobile viendra parfois compléter l'analyse.

4.1 Méthode d'analyse

Comme présentée dans le chapitre 3, l'analyse démographique utilise deux outils pour identifier les effets APC : l'analyse longitudinale et l'analyse transversale. Ceux-ci seront regroupés dans un même graphique permettant ainsi d'analyser tous les effets APC simultanément. Pour faciliter l'analyse, le même format de graphique sera repris dans tout le mémoire.

La Figure 4-1 présente les différents éléments du graphique et leurs interprétations. Tout d'abord, l'analyse transversale est symbolisée par les deux lignes pleines (pâle étant 1987 et foncé étant 2008). Les autres enquêtes (1993, 1998 et 2003) sont représentées par les carrés sur les lignes pointillées, entre les deux lignes pleines. Ces points servent de repère afin de valider la continuité de l'augmentation de l'indicateur entre les différentes années. Les différentes lignes pointillées, qui suivent les trajectoires des 10 cohortes entre 1987 et 2008, correspondent à l'analyse longitudinale. Naturellement, les cohortes de 1897 et 1942 n'ayant qu'une observation, leur trajectoire ne peut être représentée. Finalement, les barres pleines représentent le nombre d'observations par cohorte à un âge précis. Afin de permettre de facilement identifier le nombre d'observations par âge par enquête, les enquêtes les plus récentes sont situées à gauche. De plus, il est aisé de trouver le nombre d'observations pour les différentes cohortes grâce à la correspondance de couleur.

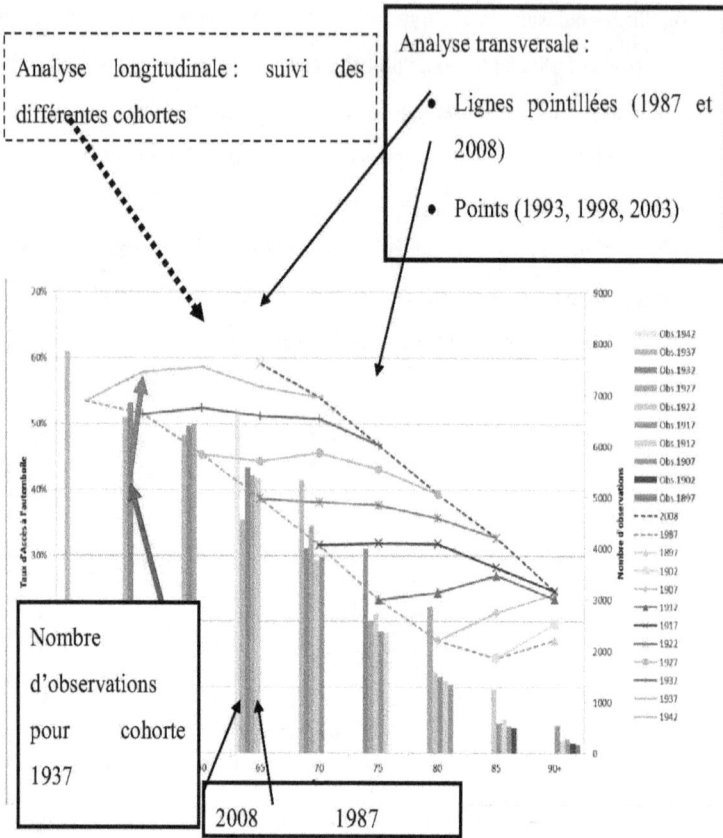

Figure 4-1 : Exemple de graphique

Nombre d'observations : Barres pleines

- Chaque ton est associé aux différentes cohortes
- À gauche étant la plus récente enquête (2003 ou 2008) et à droite la plus ancienne (1987)

4.2 Analyse descriptive de la démographie

L'analyse démographique étudie plusieurs tendances liées à l'individu : vieillissement de la population, proportion de femmes, proportion de personnes âgées vivant seules et distance moyenne au centre-ville.

4.2.1 Vieillissement de la population

Le Tableau 4-1 présente l'évolution de la population de la GRM de 1987 à 2008 pour les 65 ans et plus. Une augmentation de 183 700 personnes (var.abs) a été observée ce qui correspond à une augmentation relative (var.rel) de 63% de la taille du groupe des personnes âgées. Le nombre de déplacements a augmenté plus rapidement que la population alors qu'on recense 301 740 déplacements de plus, ce qui équivaut à une croissance de 76%.

Tableau 4-1 : Données de population selon l'année d'enquête

Indicateurs/Enquête	1987	1993	1998	2003	2008	Var.abs	Var.rel
Nb pers	291 815	352 004	389 200	418 692	475 516	183 700	63%
Nb.dep	395 250	613 040	643 907	642 512	696 990	301 740	76%

Les Figure 4-2 et Figure 4-3 présentent la composition démographique en effectifs et en proportion des personnes âgées. En 2008, le nombre de personnes de 65 ans a diminué après avoir atteint un sommet en 1998 tandis qu'une augmentation importante de 70 ans et plus est remarquée. Cette diminution en effectifs des personnes âges se traduit par une diminution en proportion des 70 ans et moins et une augmentation importante de la part des 75 ans et plus dans la société.

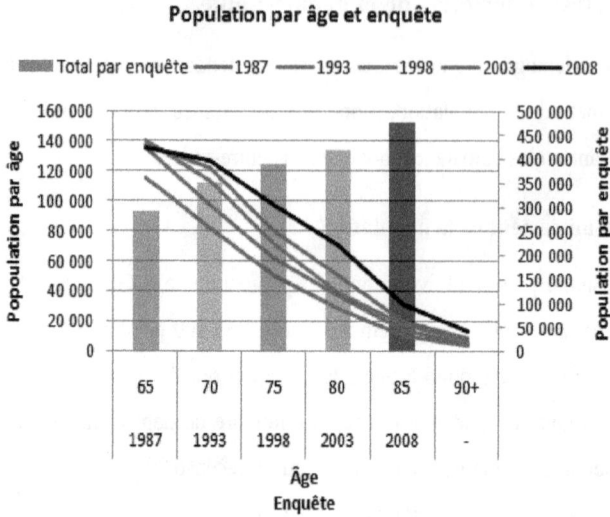

Population par âge et enquête

Total par enquête — 1987 — 1993 — 1998 — 2003 — 2008

Figure 4-2 : Population par âge et par enquête (en nombre)

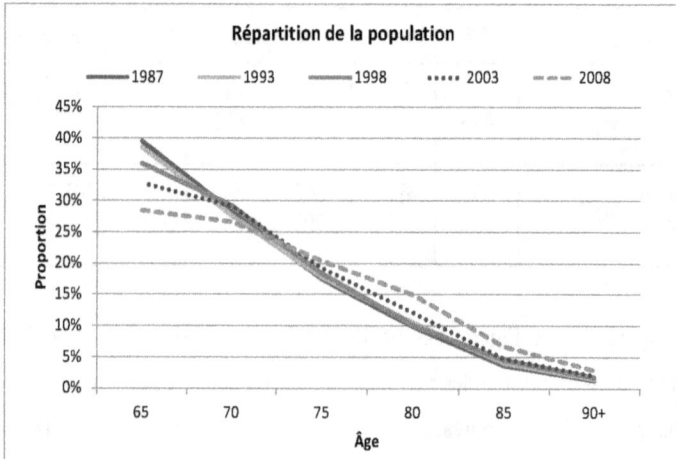

Répartition de la population

— 1987 — 1993 — 1998 ••••• 2003 — — 2008

Figure 4-3 : Population par âge et enquête (par proportion des 65 ans et plus)

La Figure 4-4 présente l'âge moyen pour les 65 différents secteurs de résidence de l'enquête OD. Un regroupement de certains secteurs de résidence a été

66

effectué pour conserver un échantillon minimal de 30 observations (voir Annexe 2). L'âge moyen pour 2008 (taux 2008) est représenté par la couleur du secteur tandis que les cercles, dont la couleur et la taille varient selon l'importance, correspondent à la variation entre 1987 et 2008. Cette forme de représentation sera utilisée dans tout le mémoire.

L'Ouest de l'île de Montréal est la section la plus vieille de la GRM tandis que la périphérie lointaine est la plus jeune. En général, les secteurs de résidence les plus vieux sont situés sur l'île de Montréal. L'analyse de la variation de l'âge moyen entre 1987 et 2008 démontre que la majorité des plus fortes variations sont survenues sur l'île de Montréal, mais aussi dans plusieurs secteurs de l'île de Laval aussi.

Figure 4-4 : Âge moyen des différents secteurs de résidence

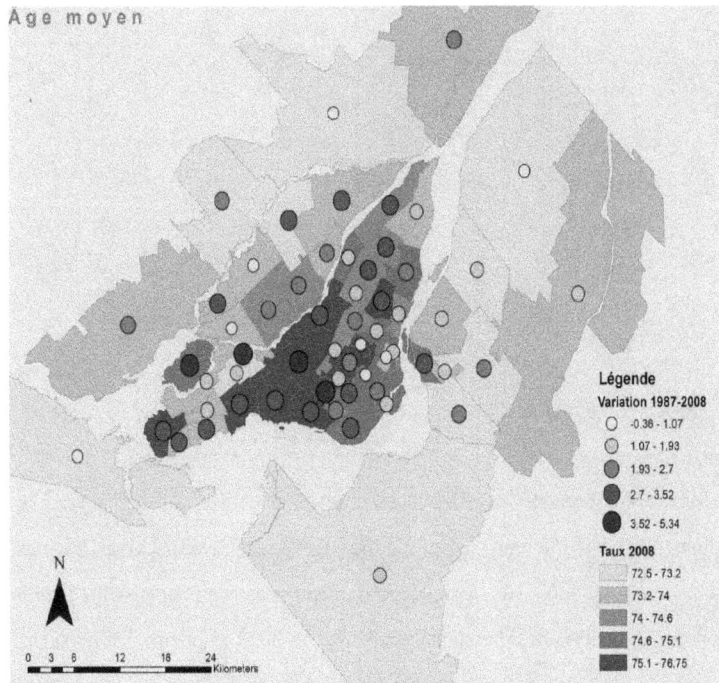

4.2.2 Proportion de femmes

La proportion de femmes dans la population (Figure 4-5) a peu évolué depuis
1987, démontrant ainsi l'absence d'effets de cohorte ou de période importants.
Cependant, des effets pour les cohortes les plus jeunes sont visibles, ce qui
expliquerait peut-être le faible écart entre 1987 et 2008. Toutefois, ces effets
sont absents pour les cohortes les plus vieilles. L'augmentation de la proportion
de femmes semble attribuable principalement à des effets d'âge. En effet, dès 55
ans, une augmentation est visible, tendance qui s'accentuera vers 75 ans.

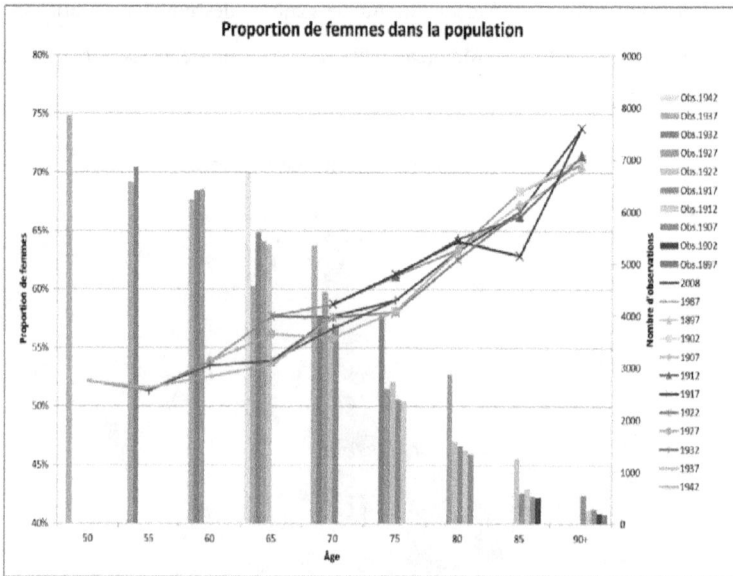

Figure 4-5 : Progression de la proportion de femmes dans la population par âge et
année d'enquête

La Figure 4-6 présente les différences spatiales associées à la proportion de
femmes dans les différents secteurs de résidence. Les secteurs ayant les plus
grandes concentrations de femmes sont situés majoritairement sur l'île de
Montréal. L'analyse des variations entre 1987 et 2008 démontre que plusieurs
secteurs de résidence ont vu diminuer leur proportion de femmes sur vingt ans

pendant que plusieurs autres l'ont augmenté. L'analyse spatiale vise à vérifier si la localisation résidentielle a un impact sur l'indicateur étudié. Dans ce cas-ci, il n'est pas possible d'affirmer avec certitude que la distance au centre-ville a un impact sur la proportion de femmes.

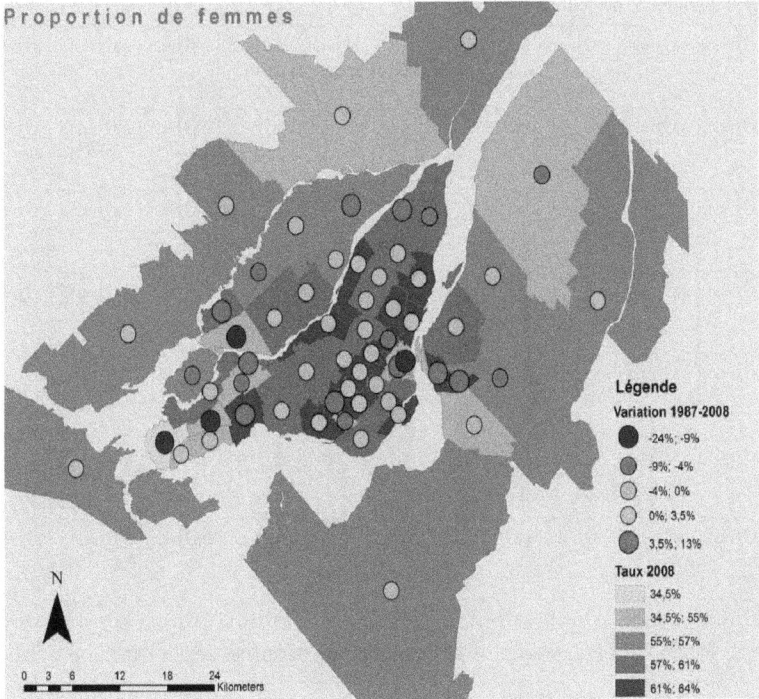

Figure 4-6 : Analyse spatiale de la proportion de femmes par secteur de résidence

4.2.3 Personnes âgées vivant seules

La Figure 4-7 présente la proportion de personnes âgées vivant seules. Entre 1987 et 2008, une augmentation constante de cet indicateur a été observée. En effet, les plus récentes cohortes de personnes âgées demeurent plus seules que les anciennes, confirmant ainsi la présence d'effets cohortes. Toutefois, une augmentation pour toutes les cohortes est aussi remarquée laissant supposer l'existence d'un effet de période. L'âge augmente la proportion de personnes demeurant seules, cet effet étant perceptible dès l'âge de 50 ans avec une augmentation plus rapide pour les 75 ans et plus. En somme, une combinaison des effets d'âge, de période et de cohorte pourrait permettre d'expliquer la variabilité des comportements.

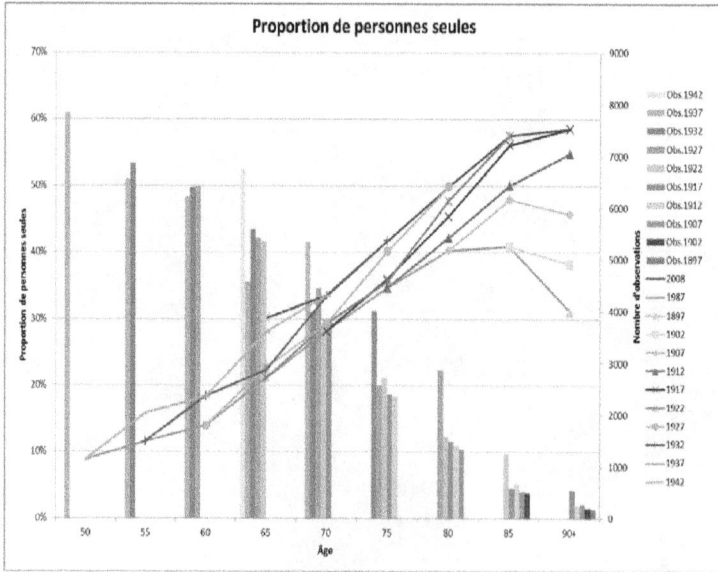

Figure 4-7 : Progression de la proportion de personnes seules dans la population par âge et année d'enquête

En outre, la proportion de personnes seules est un bon exemple pour illustrer le biais de l'enquête OD. En effet, la diminution de personnes vivant seules à 90 ans ne suit pas les tendances observées depuis l'âge de 50 ans et pourrait être expliquée par l'impossibilité de rejoindre les personnes vivant en résidence (voir annexe 11 pour plus d'informations). De plus, cette tendance semble s'atténuer pour les enquêtes subséquentes à 1987, conjointement avec une augmentation de la taille de l'échantillon, alors qu'une légère croissance de cet indicateur a été observée en 2008. La Figure 4-8 présente la proportion de personnes demeurant seules selon le sexe. Ce graphique démontre que cet indicateur varie selon le sexe, malgré une augmentation similaire entre 1987 et 2008. De plus, les femmes de 90 ans et plus expliquent la diminution de cet indicateur en 1987 tandis que la proportion est plutôt stable pour les hommes.

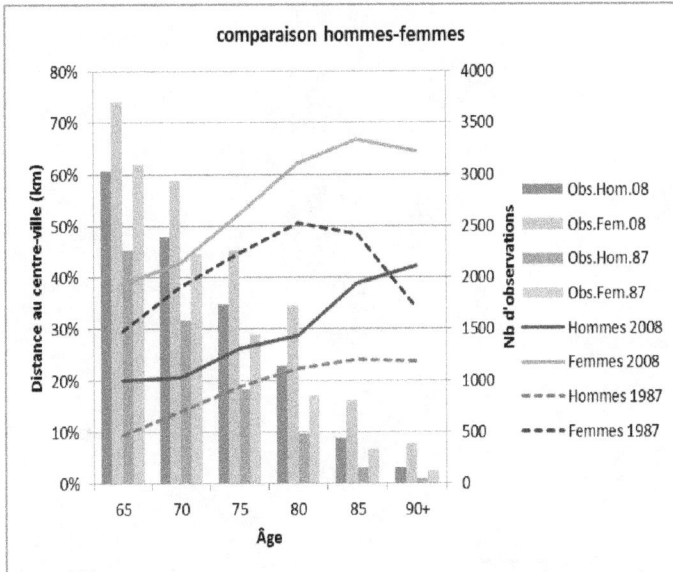

Figure 4-8 : Progression de la proportion de personnes seules dans la population par âge, sexe et année d'enquête

L'analyse spatiale (Figure 4-9) démontre que les secteurs de domicile ayant la plus forte proportion de personnes seules sont majoritairement concentrés dans les quartiers centraux de Montréal. Cette constatation est étonnante car logiquement, l'Ouest de l'île devrait contenir une proportion de personnes seules plus importante, ayant l'âge moyen le plus élevé de toute la GRM. Par conséquent, il serait possible que la localisation résidentielle, ou des différences culturelles, aient un impact sur cet indicateur, De plus, l'analyse de la variation démontre que l'augmentation concerne toute la GRM, à l'exception de quelques secteurs de résidence situés dans l'Ouest de l'île et à Laval, laissant présager une diminution des différences par distance au centre-ville.

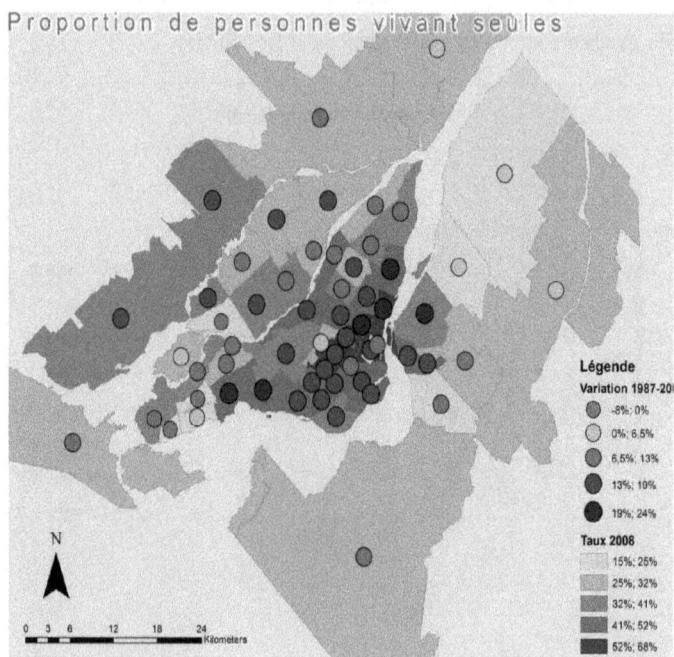

Figure 4-9 : Analyse spatiale de la proportion de personnes seules par secteur de résidence

4.2.4 Localisation résidentielle

La Figure 4-10 présente l'évolution de la distance moyenne au centre-ville pour les personnes âgées. L'accroissement de cet indicateur semble être expliqué par les effets cohortes, dont l'ampleur tend à augmenter pour les cohortes plus récentes. L'âge semble avoir un impact sur la distance au centre-ville. Toutefois, cette hausse de la distance moyenne en vieillissant pourrait aussi être due à des effets de périodes étant donné qu'elle concerne toutes les cohortes. La

72

comparaison de la distance au centre-ville par sexe (Figure 4-11) démontre que les tendances observées concernent autant les hommes que les femmes et que peu de différences sont perceptibles entre les deux sexes.

La Figure 4-11-1 présente la densité des personnes âgées par kilomètre carré. Une augmentation importante de cet indicateur est observée dans la grande majorité des secteurs de résidence, conséquence d'une croissance en effectifs de la population âgée. Toutefois, certains quartiers centraux ont vu leur densité décliner démontrant ainsi que les personnes âgées habitent de moins en moins dans ces secteurs. Cependant, la majorité des secteurs à forte densité de personnes âgées sont toujours situés sur l'île de Montréal.

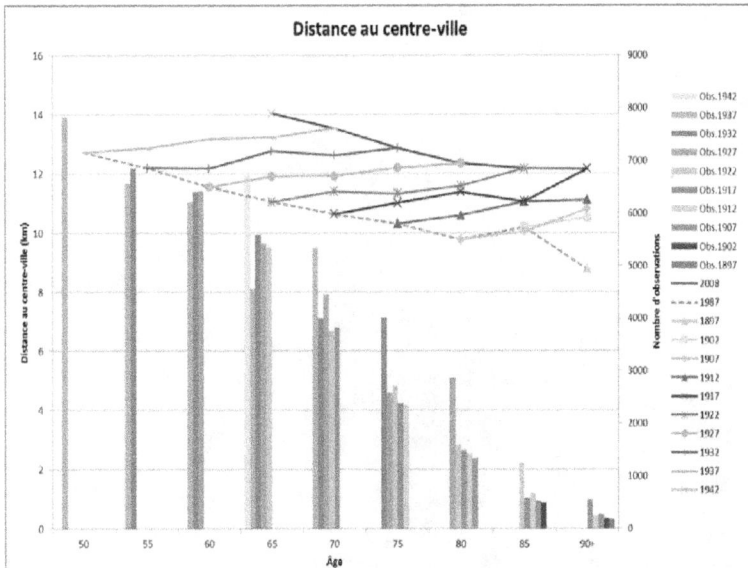

Figure 4-10 : Progression de la distance moyenne au centre-ville par âge et année d'enquête

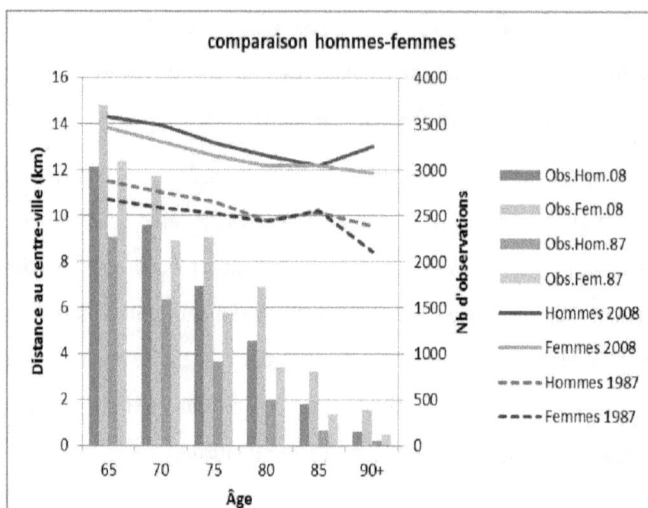

Figure 4-11 : Progression de la distance moyenne au centre-ville par âge, sexe et année d'enquête

Figure 4-11-1 : Analyse moyenne de la densité de personnes âgées

4.3 Analyse descriptive de la mobilité

L'analyse descriptive de la mobilité étudie plusieurs tendances liées aux personnes : taux de non-mobilité, taux d'accès à l'automobile, proportion de non-motorisés et taux de possession de permis de conduire.

4.3.1 Taux de non-mobilité

L'analyse du taux de non-mobilité (proportion de personnes n'ayant pas effectué de déplacements) révèle un accroissement de la proportion de personnes mobiles entre 1987 et 2008 (Figure 4-13). Ce changement semble toutefois difficile à attribuer aux effets de cohortes étant donné qu'une diminution du taux de non-mobilité pour toute la population est survenue en 1993, laissant supposer des effets période. Un biais dans l'enquête de 1993, dont le nombre moyen de déplacements par personne est plus élevé que pour les autres enquêtes, en serait la cause. Cet effet de période complexifie l'interprétation visuelle des effets de cohortes. Néanmoins, les effets d'âge sont faciles à détecter dès 55 ans et s'accentuent pour les âges les plus avancés. De plus, les différences entre les hommes et les femmes se sont légèrement amplifiées entre 1987 et 2008, surtout pour les 75 à 85 ans (Figure 4-12). Toutefois, une diminution de cet indicateur est observée pour les deux sexes. L'analyse spatiale ne permet pas de dégager des tendances claires selon le secteur de résidence (Figure 4-14). Une augmentation du taux de non-mobilité pour l'Ouest de l'île semble concorder avec le vieillissement important de ces secteurs. Toutefois, une analyse spatiale descriptive ne permet d'affirmer que la distance au centre-ville a un effet sur le taux de non-mobilité.

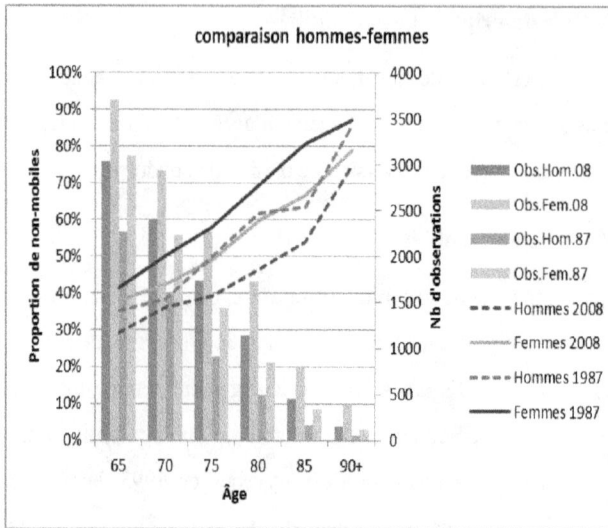

Figure 4-12 : Progression du taux de non-mobilité par âge, sexe et année d'enquête

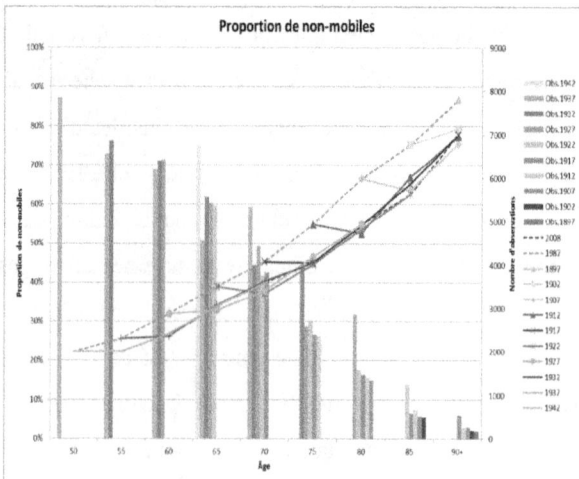

Figure 4-13 : Progression du taux de non-mobilité par âge et année d'enquête

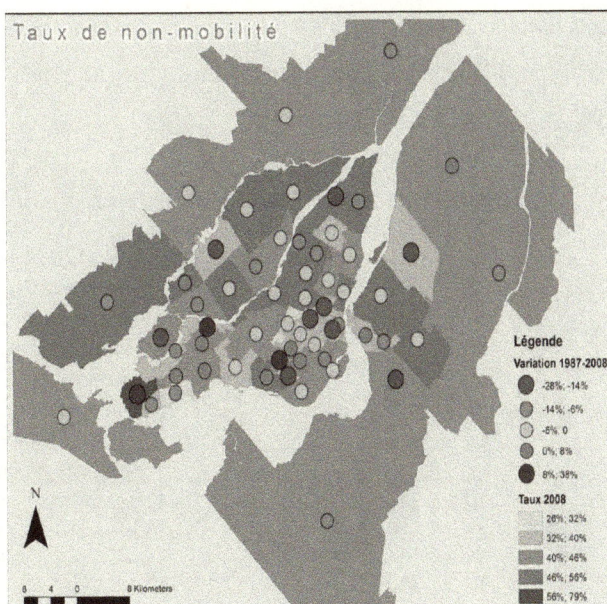

Figure 4-14 : Analyse spatiale du taux de non-mobilité par secteur de résidence

La Figure 4-15 présente le taux de non-mobilité selon le taux d'accès à l'automobile. Trois regroupements ont été effectués : les personnes n'ayant pas accès à une automobile (0_acces), celles devant partager l'accès (0-1_acces) et celles ayant un accès individuel (1+_acces). La comparaison se fait entre 1993 et 2008, l'enquête de 1987 n'ayant pas un échantillon important pour les 0-1 et 1+ accès pour les âges avancés. Cette forme de graphique sera utilisée dans tout le mémoire.

Tout d'abord, il apparait clairement que la motorisation a un impact sur le taux de non-mobilité, surtout pour les personnes ayant un accès individuel à l'automobile. De plus, à l'encontre des tendances de diminution du taux de non-mobilité, les non-motorisés ont augmenté leur taux de non-mobilité tandis que les autres groupes de motorisation ont un comportement relativement similaire.

Par conséquent, une diminution du taux de non-mobilité pourrait être attribuable à une augmentation de la proportion de motorisés dans la cohorte et non pas à des effets APC.

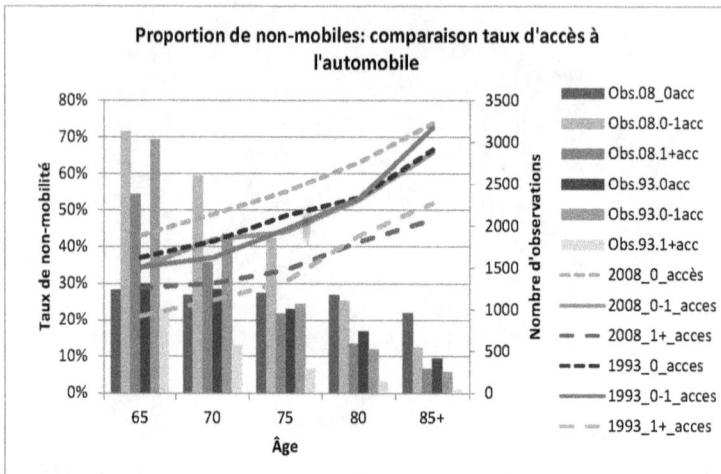

Figure 4-15 : Progression du taux de non-mobilité par âge, taux d'accès à l'automobile et année d'enquête

4.3.2 Taux d'accès à l'automobile

La Figure 4-16 présente l'évolution du taux d'accès à l'automobile. Cet indicateur représente la possession automobile individuelle calculée selon le nombre d'automobiles par ménage sur le nombre de personnes en âge de conduire (16ans et +). Les taux supérieurs à deux seront exclus du calcul de l'indicateur (voir annexe 4).

$$T\_accès\_auto = \frac{\frac{Nombre\ d'automobiles\ par\ ménage}{(Pers.16+\ ds\ ménage)} * facpera}{Population\ de\ référence}$$

Une croissance importante de cet indicateur est observable entre 1987 et 2008, attribuable certainement à des effets de cohortes. En effet, chaque cohorte a un taux d'accès à l'automobile supérieur à la cohorte précédente. Toutefois, cette

78

augmentation pour toutes les cohortes pourrait aussi être en combinaison avec des effets de période. Finalement, l'effet de l'âge semble être présent alors que dès 60 ans, les cohortes diminuent leur taux d'accès.

La comparaison entre les hommes et les femmes (Figure 4-17) démontre que les différences persistent et se sont même accentuées pour les 80 ans et plus. Des variations dans l'effet de l'âge pourraient expliquer ces différences; celui-ci étant plus important et présent dès 60 ans pour les femmes. Comparativement, l'effet de l'âge des hommes est d'une ampleur moins grande et est présent à partir de 75 ans. L'analyse spatiale démontre que le taux d'accès à l'automobile a augmenté de façon plus importante dans la périphérie que dans les quartiers centraux (Figure 4-18). De plus, la distance au centre-ville semble avoir un effet clair sur cet indicateur, les banlieues ayant un taux d'accès beaucoup plus élevé.

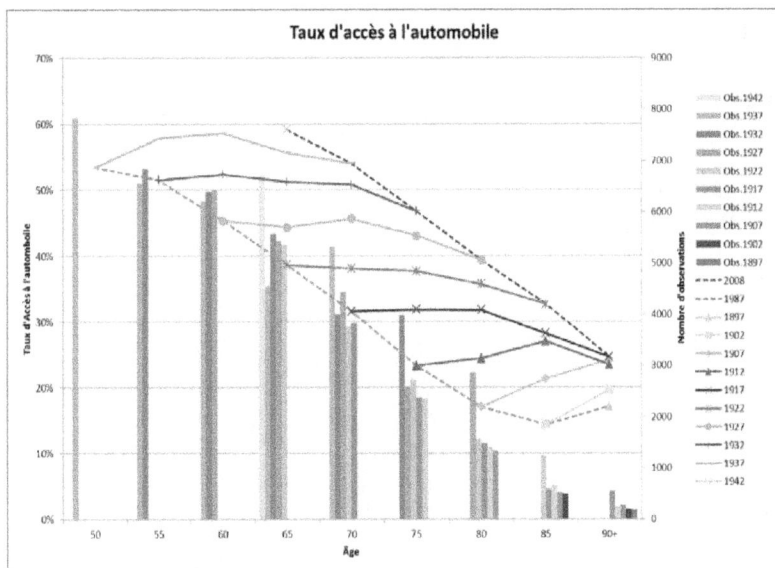

Figure 4-16 : Progression du taux d'accès à l'automobile par âge et année d'enquête

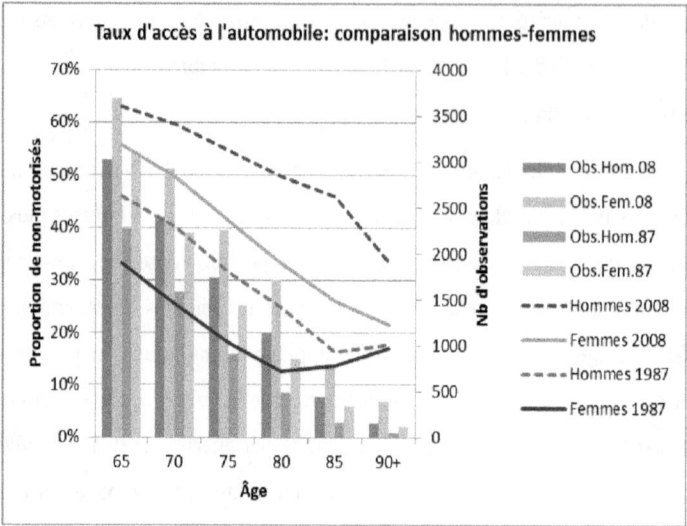

Figure 4-17 : Progression du taux d'accès à l'automobile par âge, sexe et année
d'enquête

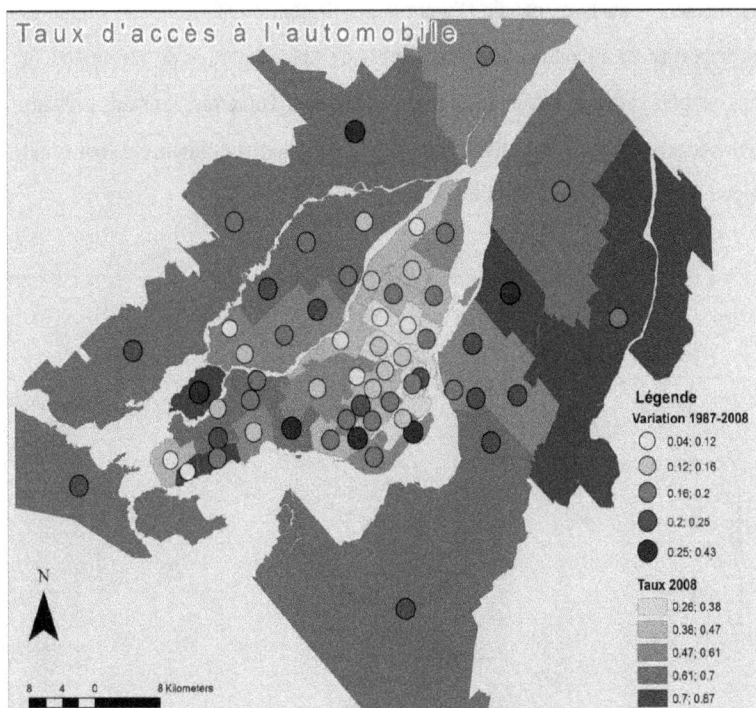

Figure 4-18 : Analyse spatiale du taux d'accès à l'automobile par secteur de
résidence

4.3.4 Proportion de non-motorisés

La Figure 4-19 présente la proportion de personnes non-motorisées. La
diminution de cet indicateur est due aux effets de cohortes qui, surtout pour les
cohortes de 1912 et 1917, sont très forts, mais qui s'atténuent pour les cohortes
plus récentes, les comportements de la cohorte de 1942 étant similaires à celle
de 1937. L'âge a un effet sur cet indicateur dès 60 ans et augmente d'ampleur
vers 75 ans. L'analyse par sexe (Figure 4-20) démontre que les différences se
sont accrues, surtout pour les 75 ans et plus. En effet, les comportements des
femmes en 2008 sont pratiquement similaires à ceux des hommes en 1987.

81

Finalement, l'analyse spatiale (Figure 4-21) démontre des tendances similaires au taux d'accès à l'automobile. La périphérie a une proportion de non-motorisés qui est plus faible que dans les quartiers centraux. Toutefois, les seuls secteurs de résidence ayant eu une augmentation de population non-motorisée sont situés à grande distance du centre-ville.

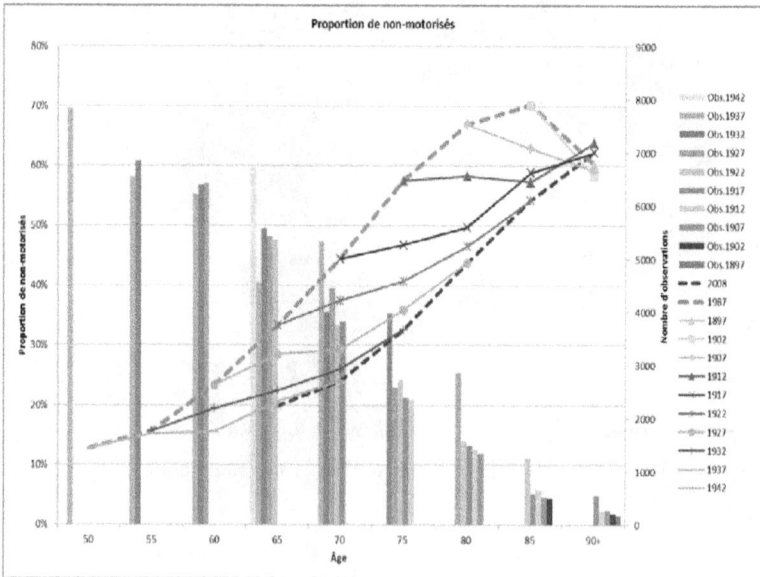

Figure 4-19 : Progression de la proportion de non-motorisés par âge et année d'enquête

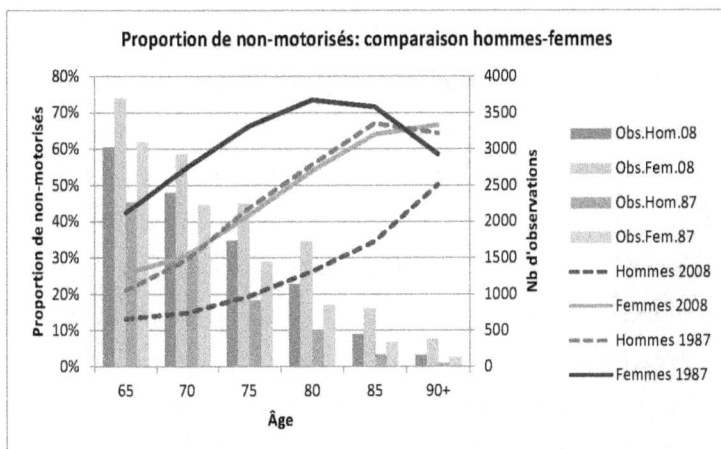

Figure 4-20 : Progression de la proportion de non-motorisés par âge, sexe et année d'enquête

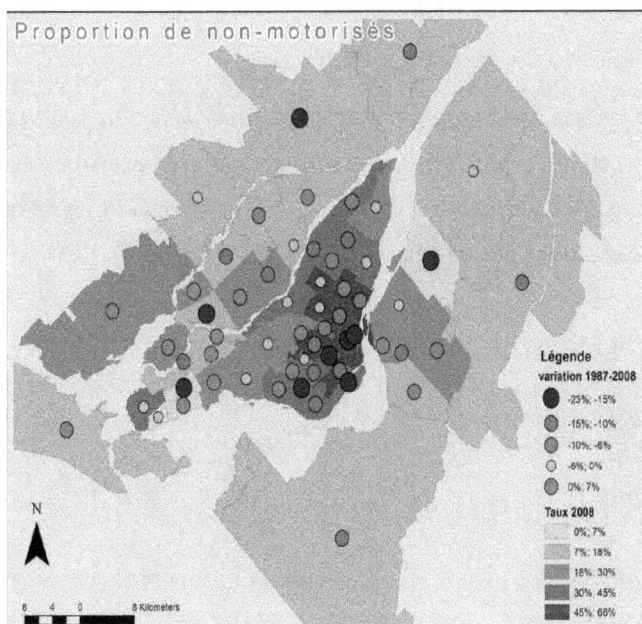

Figure 4-21 : Analyse spatiale de la proportion de non-motorisés par secteur de résidence

4.3.5 Possession de permis de conduire

La Figure 4-22 présente l'évolution du taux de possession de permis de conduire entre 1993 et 2008, l'information n'étant pas disponible pour l'enquête de 1987. Les effets d'âge, de période et de cohortes semblent similaires à ce qui est observé pour le taux d'accès à l'automobile. En effet, les effets de cohortes sont très visibles et l'âge a un effet sur cet indicateur, encore plus important que pour le taux d'accès à l'automobile. Une augmentation autant pour les deux sexes a été observée (Figure 4-23). Toutefois, cet indicateur s'est considérablement plus accru pour les femmes, leur taux en 1987 étant très faible. Toutefois, cette croissance est moins importante pour les cohortes féminines plus âgées (85 ans et plus) comparativement aux hommes où la principale augmentation concerne justement les plus âgés. Ces différentes tendances observées démontrent que les effets cohortes pour les hommes s'atténuent tandis que les cohortes féminines devraient continuer d'augmenter considérablement.

L'analyse spatiale confirme que la distance au centre-ville a un effet sur cet indicateur alors que la périphérie a un taux de possession de permis de conduire plus élevé que les quartiers centraux (Figure 4-24) . Toutefois, l'augmentation entre 1987 et 2008 ne suit pas de tendances claires.

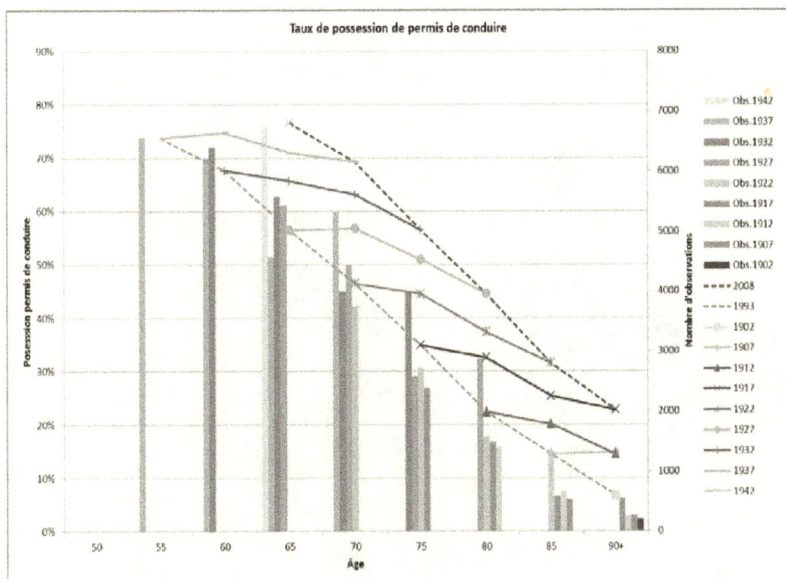

Figure 4-22 : Progression du taux de possession de permis de conduire par âge et année d'enquête

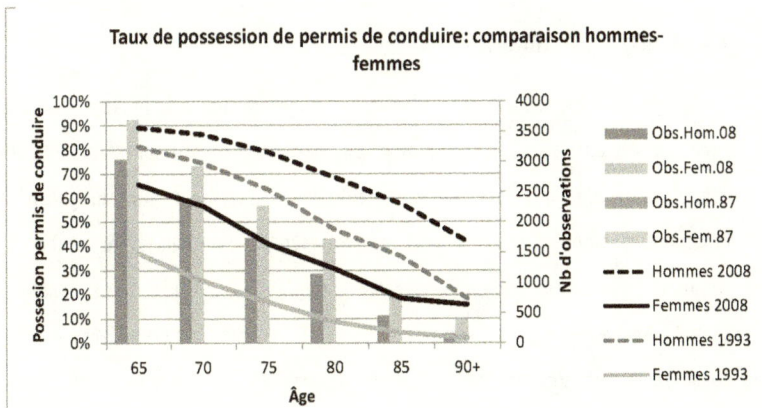

Figure 4-23 : Progression du taux de possession de permis de conduire par âge, sexe et année d'enquête

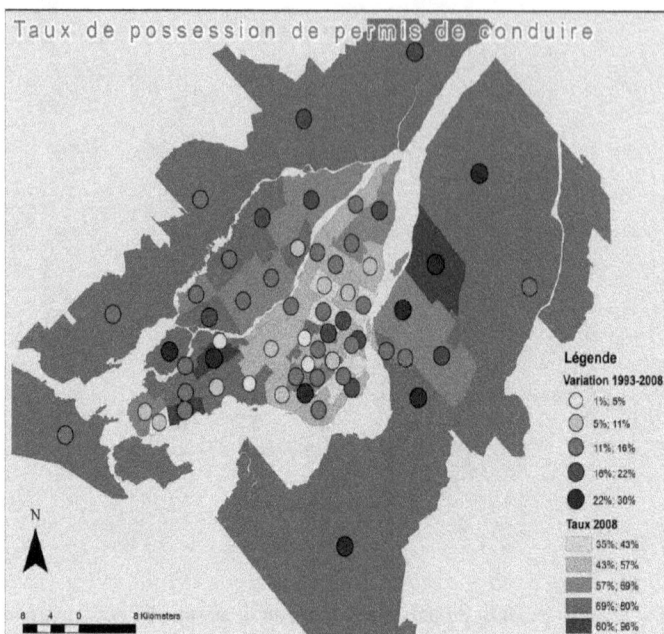

Figure 4-24 : Analyse spatiale du taux de possession de permis de conduire

4.4 Analyse des mobiles

L'analyse des mobiles étudie plusieurs tendances liées à la mobilité des personnes ayant effectué au moins un déplacement : nombre moyen de déplacements ainsi que durée distance totale des déplacements pour une journée. Pour cette section, les 85 ans et plus ont été agrégés à cause du faible nombre de personnes ayant effectué un déplacement en 1987. En outre, pour l'analyse spatiale une agrégation de certains secteurs de résidence a été effectuée pour conserver un échantillon minimal de 30 observations par secteur de résidence (voir Annexe 1). Cette agrégation des secteurs de résidence sera utilisée aussi pour l'analyse des déplacements.

4.4.1 Nombre moyen de déplacements

La Figure 4-25, présentant le nombre moyen de déplacements, démontre que cet indicateur a peu évolué entre 1987 et 2008. Une augmentation importante en 1993 est survenue ce qui se traduit par des effets de période. Il est difficile d'évaluer l'effet de l'âge sur cet indicateur à cause des effets de période. Les différences hommes-femmes ne sont pas importantes.

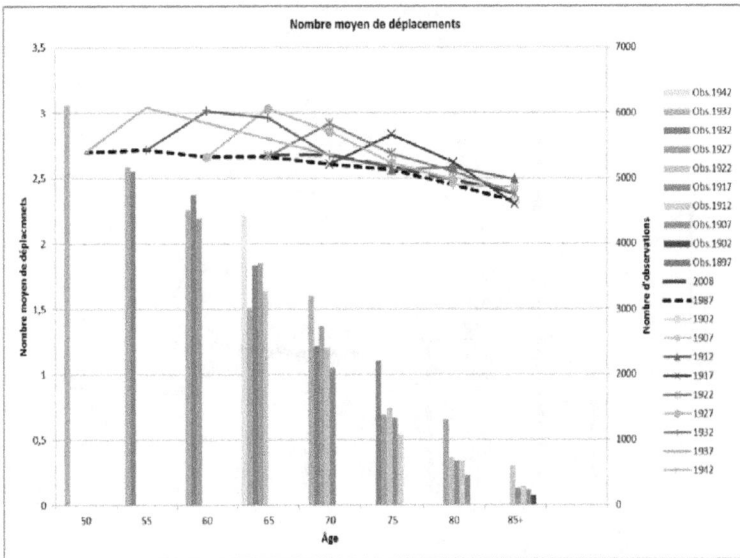

Figure 4-25 : Progression du nombre moyen de déplacements par âge et année d'enquête

La Figure 4-26 présente la durée totale des activités qui a diminué entre 1987 et 2008. Cette baisse ne semble pas attribuable à des effets de cohortes, du moins en analysant seulement les 65 ans et plus. Toutefois, en regardant le comportement des cohortes entre 50 et 65 ans, on remarque une forte diminution entre chaque cohorte. L'âge a un effet négatif d'ampleur très importante entre 50 et 65 ans, l'importance de cet effet diminue entre 65 et 75 ans et se stabilise pour

les âgées subséquents. Une comparaison par sexe démontre que les différences
entre les hommes et les femmes se sont réduites (Figure 4-27). Finalement, une
analyse par secteur de résidence ne permet pas d'établir de tendances claires par
distance au centre-ville (Figure 4-28). En effet, la diminution de cet indicateur
concerne la grande majorité des secteurs de résidence et il n'y a pas de clivage
quartiers centraux-périphérie.

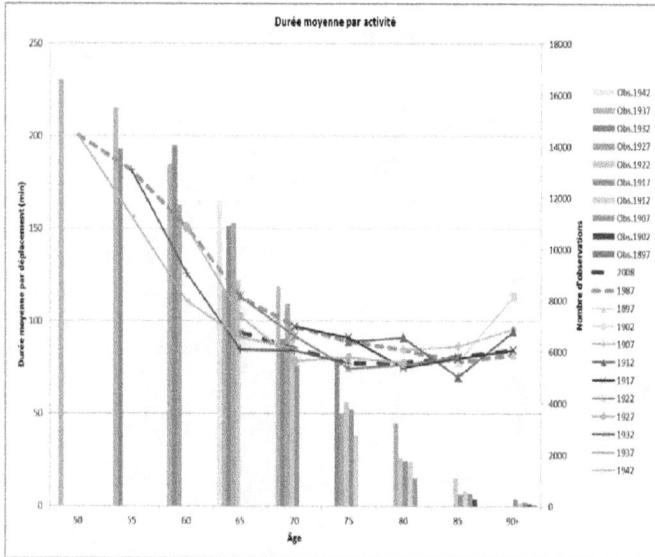

Figure 4-26 : Progression de la durée totale des activités par âge et année
d'enquête

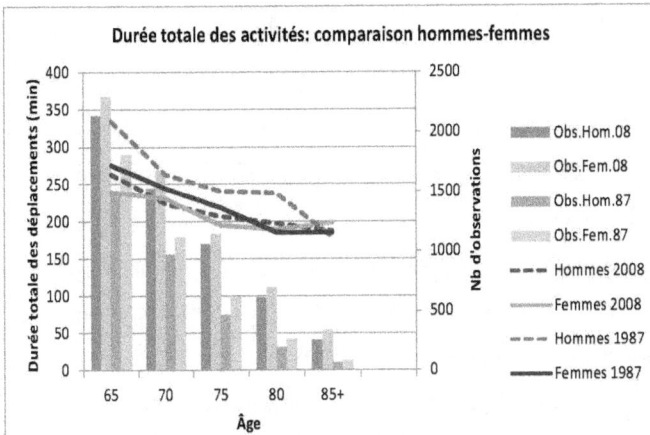

Figure 4-27 : Progression de la durée totale des activités par âge, sexe et année d'enquête

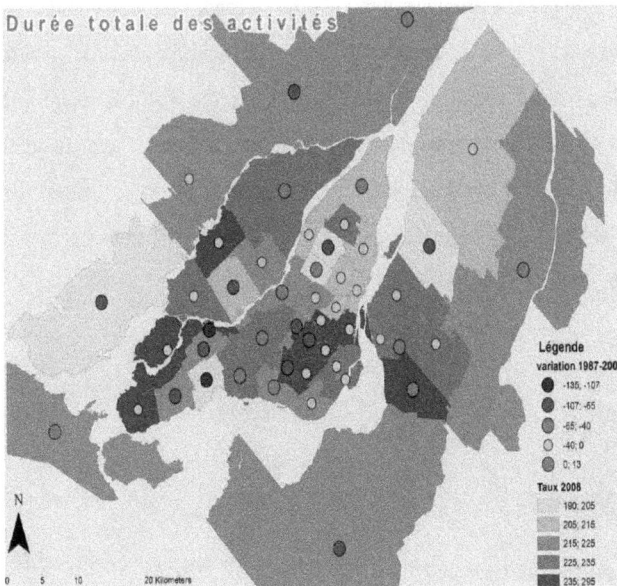

Figure 4-28 : Analyse spatiale de la durée totale des déplacements par secteur de résidence

4.4.3 Distance totale des déplacements

La Figure 4-30-1 présente la distance totale à vol d'oiseau des déplacements. Une légère augmentation entre 1987 et 2008 est observable. Toutefois, l'attribution de cette croissance à des effets APC est difficile. Toutefois, l'hypothèse est que les effets cohortes ne sont pas importants et que des effets périodes seraient plutôt à l'origine de l'accroissement. L'enquête de 1993 pose problème, car l'augmentation du nombre moyen de déplacements augmente la distance totale des déplacements, complexifiant ainsi la comparaison des différentes cohortes. Cependant, un effet d'âge négatif est visible entre 50 et 65 ans. La comparaison hommes-femmes démontre que l'écart perdure (Figure 4-29). De plus, l'augmentation de la distance totale des déplacements pour les hommes concerne uniquement les 80 ans et plus, les autres ayant un comportement presque similaire aux cohortes précédentes. Les femmes ont connu une augmentation beaucoup plus importante dont les effets de cohortes seraient le principal moteur. L'analyse spatiale (Figure 4-30) démontre qu'il existe des différences importantes selon la distance au centre-ville alors que la distance totale tend à augmenter dans la périphérie. Toutefois, la majorité des quartiers centraux ont augmenté leur distance totale comparativement à la périphérie.

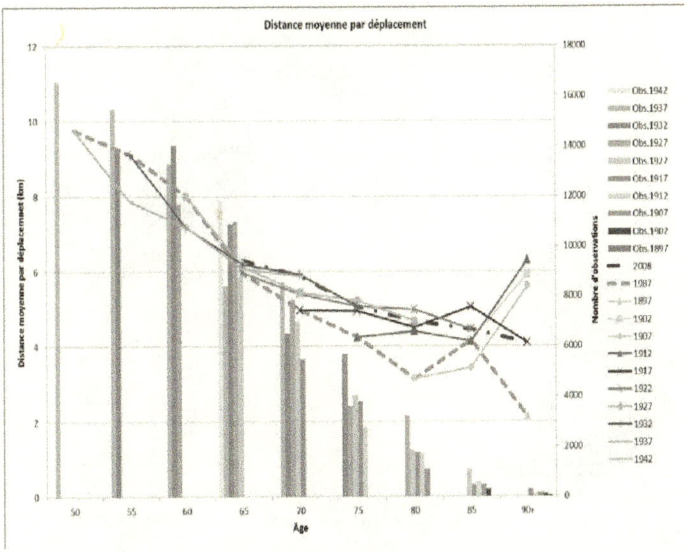

Figure 4-30-1 : Progression de la distance totale des déplacements par âge et année d'enquête

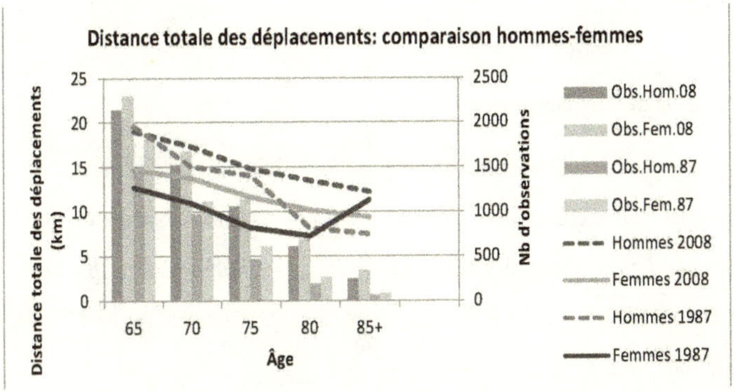

Figure 4-29 : Progression de la distance totale des déplacements par âge, sexe et année d'enquête

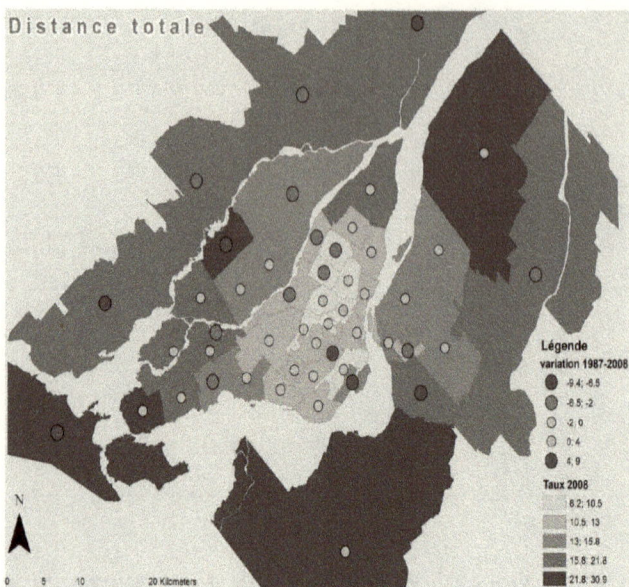

Figure 4-30 : Analyse spatiale de la distance totale des déplacements par secteur de résidence

4.5 Analyse des déplacements

Cette section étudie plusieurs tendances liées aux déplacements des personnes : motif travail, part modale, heure des déplacements, distance moyenne et durée moyenne. De plus, étant donné le faible nombre d'observations pour les hommes de 90 ans et plus en 1987 (19 observations), seulement les 85-89 sont présentés pour la comparaison hommes-femmes.

4.5.1 Part de déplacements à motif travail

La Figure 4-32 présente la part de déplacements à motif travail par âge. Il est assez évident que l'âge a un fort impact négatif jusqu'à 75 ans où la diminution se stabilise par la suite. De plus, une augmentation de la proportion de déplacements à motif travail est observée pour les 65 ans et plus, attribuable à des effets de cohortes. Toutefois, avant 65 ans, une diminution de la part de déplacements à motif travail par cohortes est observée allant ainsi à contresens de ce qui est observé pour les 65 ans et plus. En effet, la cohorte de 1937 en 1993 (à 55 ans) se déplace moins pour des raisons de travail que les 55 ans en 1987. L'effet est similaire pour la cohorte de 1932 en 1993. Toutefois, ces effets cohortes inverses pour les 65 ans peuvent être expliqués en partie par l'enquête de 1993 dont le nombre moyen de déplacements est plus important, diminuant ainsi la proportion de déplacements à motif travail. L'enquête de 1998 ayant aussi un nombre moyen de déplacements plus élevé qu'en 1987 expliquerait pourquoi la cohorte de 1937 se déplace toujours moins à 60 ans que la cohorte de 1927.

La Figure 4-31 présente les différences entre les hommes et les femmes pour la part de déplacements à motif travail. Une importante différence entre les deux sexes est observée autant en 1987 qu'en 2008. Toutefois, l'augmentation de la part des déplacements à motif travail est attribuable aux femmes tandis que la part des hommes a légèrement augmenté, mais uniquement pour les 70 ans et plus.

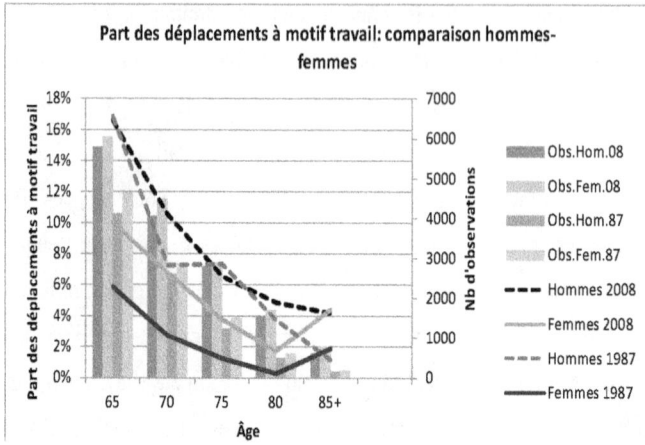

Figure 4-31 : Progression de la part des déplacements à motif travail par âge, sexe et année d'enquête

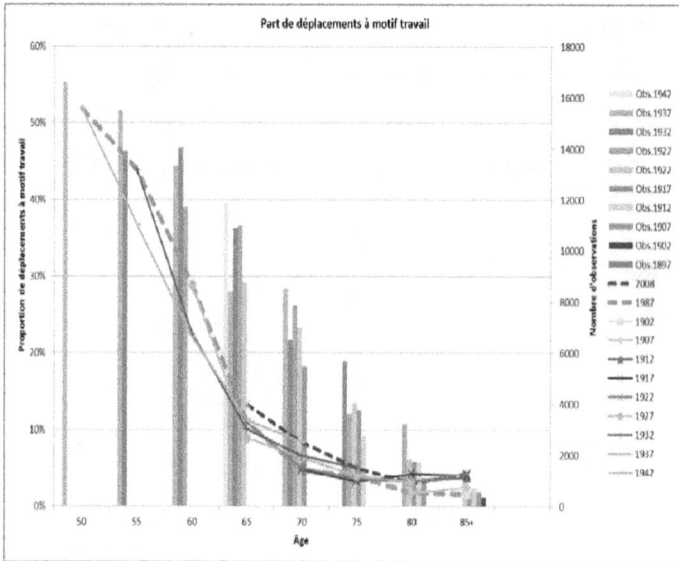

Figure 4-32 : Progression de la part des déplacements à motif travail par âge et année d'enquête

4.5.2 Part modale de l'automobile

La Figure 4-33 illustre l'évolution de la part modale de l'automobile. Les déplacements bimodes ne sont pas inclus dans cet indicateur. Les tendances illustrées démontrent que la part modale de l'automobile semble être influencée autant par des effets d'âge, de période et de cohortes. Toutefois, une stabilisation de l'effet cohorte est remarquée pour les cohortes de 1937 et 1942. De plus, en 2008, une moins grande différence entre les cohortes est constatée prouvant la présence d'effets période. Un effet d'âge négatif semble présent à partir de 65 ou 70 ans jusqu'à 90 ans où une augmentation de la part modale de l'automobile est observée. La Figure 4-34 présente la part modale de l'automobile pour les hommes et les femmes démontrant que les différences se maintiennent toujours en 2008, malgré une augmentation très importante pour les femmes entre 65 à 85 ans. La faible augmentation pour les hommes de 65 ans laisse présager une stabilisation de la part modale de l'automobile. Toutefois, la part modale de l'automobile devrait continuer d'augmenter pour les femmes, sûrement jusqu'à un niveau comparable à celui des hommes.

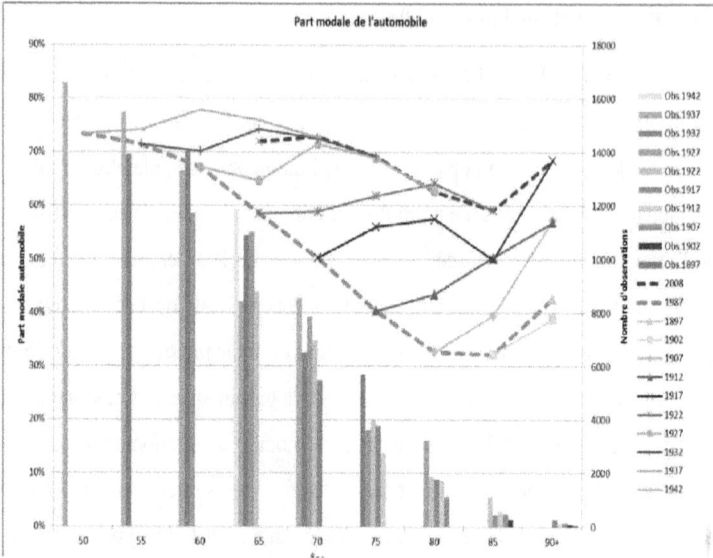

Figure 4-33 : Progression de la part modale de l'automobile par âge et année d'enquête

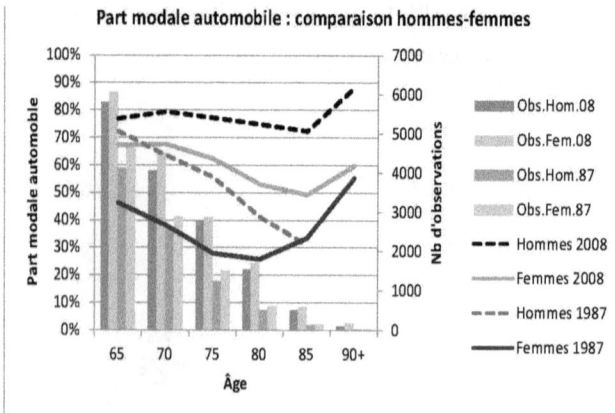

Figure 4-34 : Progression de la part modale de l'automobile par âge, sexe et année d'enquête

La Figure 4-35 démontre que la part modale de l'automobile est fortement influencée par le secteur de résidence et d'autant plus par la distance au centre-ville. De plus, entre 1987 et 2008, les périphéries ont connu une augmentation plus forte de cet indicateur comparativement aux quartiers centraux. L'utilisation de l'automobile par groupe de motorisation n'a pas changé de manière importante entre 1987 et 2008 (Figure 4-36). En outre, ce graphique permet de constater que l'utilisation de l'automobile est similaire entre les motorisés et les semi-motorisés.

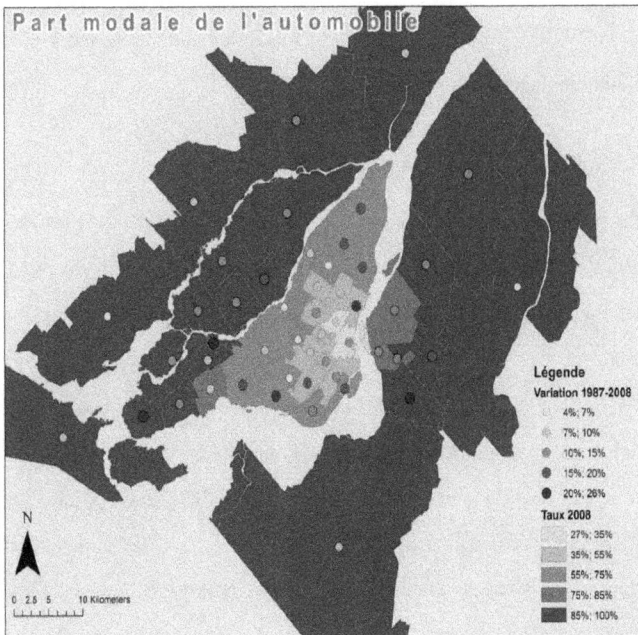

Figure 4-35 : Analyse spatiale du taux d'accès à l'automobile par secteur de résidence

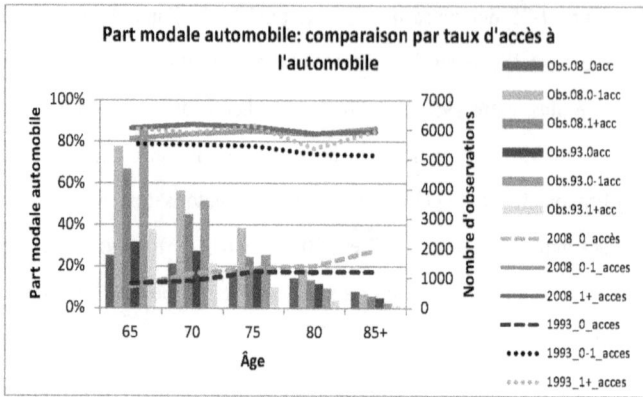

Figure 4-36 : Progression de la part modale de l'automobile par âge, taux d'accès à l'automobile et année d'enquête

4.5.3 Part modale de l'automobile conducteur

La part modale de l'automobile conducteur a considérablement évolué entre 1987 et 2008 (Figure 4-37). Les effets de cohorte semblent expliquer cette augmentation même si une diminution de l'ampleur est perceptible pour les cohortes de 1937 et 1942. L'âge a un effet négatif sur l'utilisation de l'automobile-conducteur dont l'ampleur s'accentue dès 70 ans. Les différences entre les hommes et les femmes sont pratiquement similaires à ce qui a été observé pour la part modale de l'automobile (Figure 4-38), tout comme l'analyse spatiale (Figure 4-40). En effet, une stabilisation des effets cohortes pour les hommes combinée avec un rattrapage des femmes explique l'augmentation de cet indicateur. Au niveau spatial, les différences entre quartiers centraux et périphérie persistent, d'autant plus que l'augmentation de la part modale de l'automobile-conducteur a été plus forte dans les secteurs situés à plus grande distance du centre-ville. Finalement, la Figure 4-39 présente la progression de la part modale par taux d'accès à l'automobile. Sans surprise, la part modale a peu augmenté pour les non-motorisés. C'est dans le groupe des semi-motorisés (0-1) que la part modale s'est amplifiée le plus, alors que le groupe des motorisés n'a pas connu d'augmentation très importante ayant déjà une part modale assez importante en 1987.

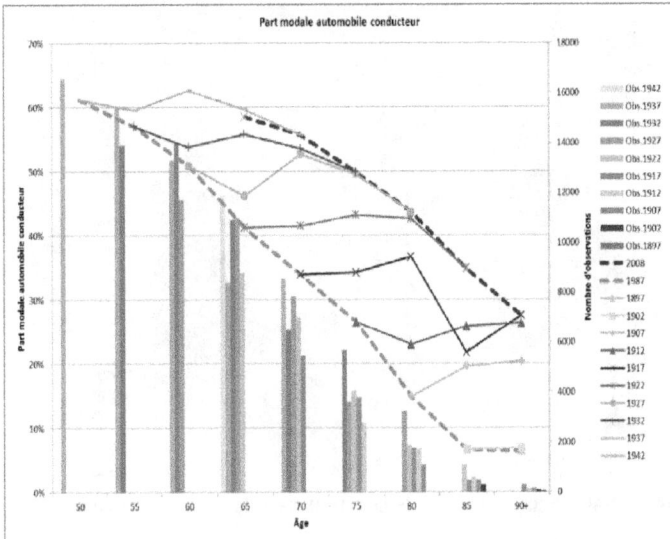

Figure 4-37 : Progression de la part modale de l'automobile conducteur par âge et année d'enquête

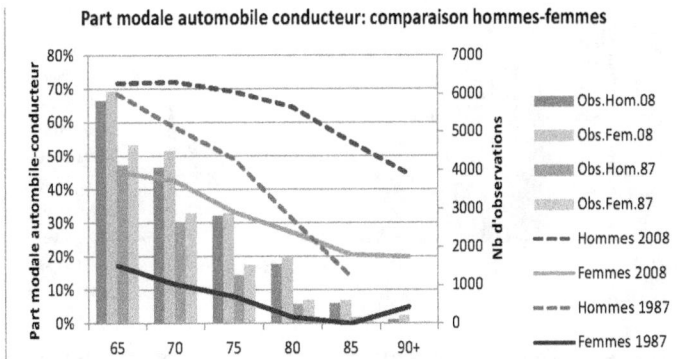

Figure 4-38 Progression de la part modale de l'automobile conducteur par âge, sexe et année d'enquête

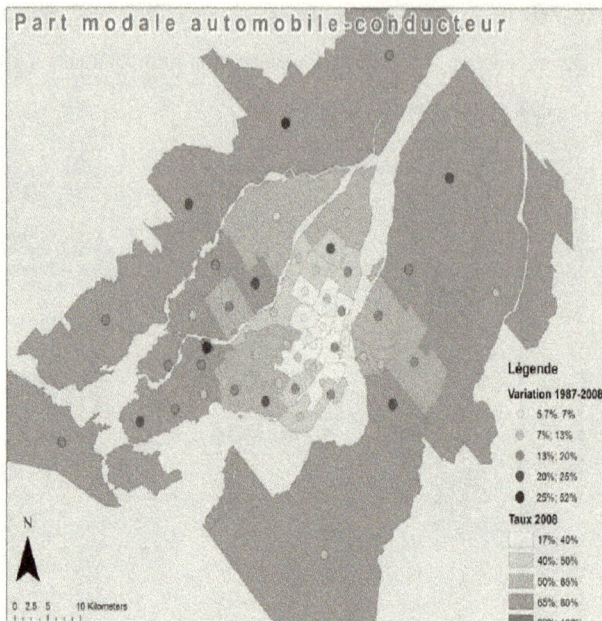

Figure 4-40 : Analyse spatiale de la part modale de l'automobile conducteur par secteur de résidence

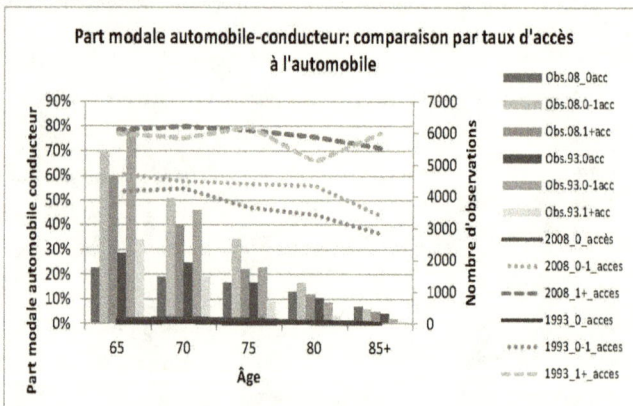

Figure 4-39 : Progression de la part modale de l'automobile conducteur par âge, taux d'accès à l'automobile et année d'enquête

4.5.4 Part modale automobile-passager

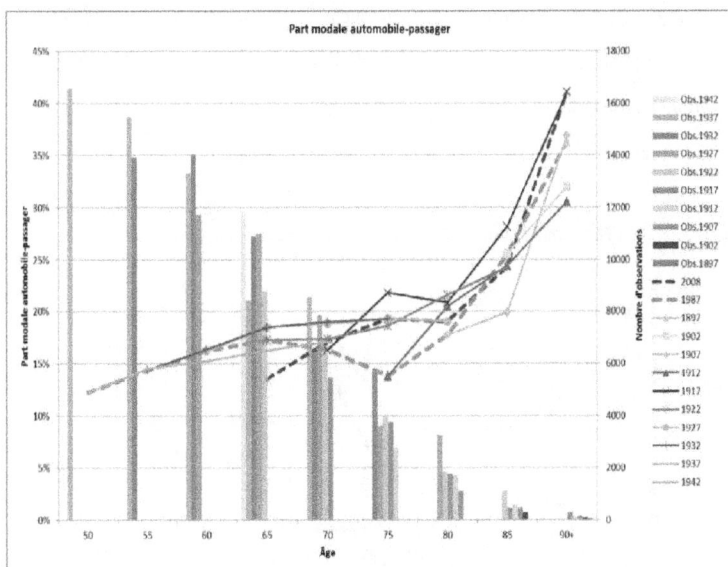

Figure 4-41 : Progression de la part modale de l'automobile passager par âge et année d'enquête

La part modale de l'automobile-passager (Figure 4-41) n'a pas évolué de façon importante entre 1987 et 2008. L'augmentation importante de la part modale est causée majoritairement par les effets d'âge. Les effets de cohorte ne semblent pas importants, les cohortes se comportant toutes de manière similaire. Par conséquent, les légères variations observées sont peut-être dues à des effets de période. La Figure 4-42 démontre que les comportements n'ont pas changé de manière importante autant pour les hommes que pour les femmes, les différences se maintenant. Toutefois, spatialement, les tendances observées étonnent (Figure 4-43). En effet, une diminution de la part modale de l'automobile-passager a été observée dans presque toute la périphérie de Montréal et une augmentation dans les quartiers centraux, où la part modale est plus faible. Toutefois, l'âge moyen plus élevé dans les quartiers centraux pourrait, en partie, expliquer ces différences. En dernier lieu, la Figure 4-44 permet de constater que la part modale de l'automobile-passager est fortement influencée par le taux d'accès à l'automobile, les semi-motorisés sont ceux voyageant le plus en tant que passagers et les motorisés le moins.

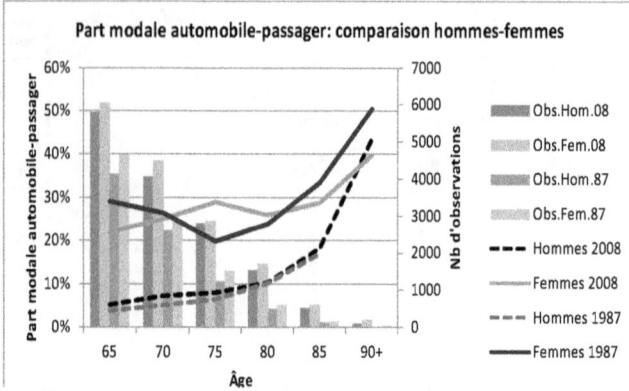

Figure 4-42 : Progression de la part modale de l'automobile passager par âge, sexe et année d'enquête

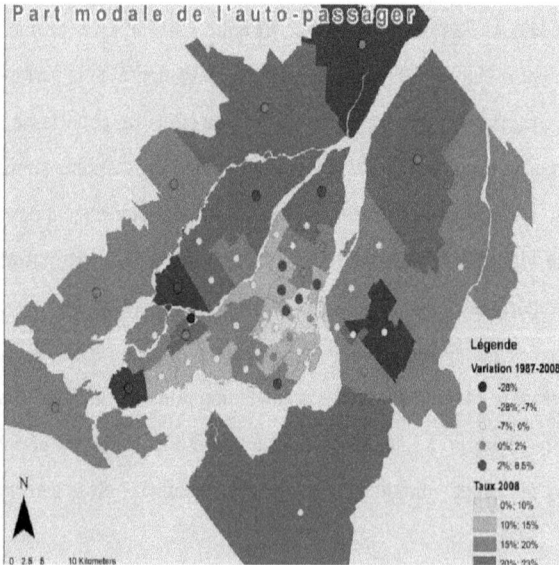

Figure 4-43 : Analyse spatiale de la part modale de l'automobile passager par secteur de résidence

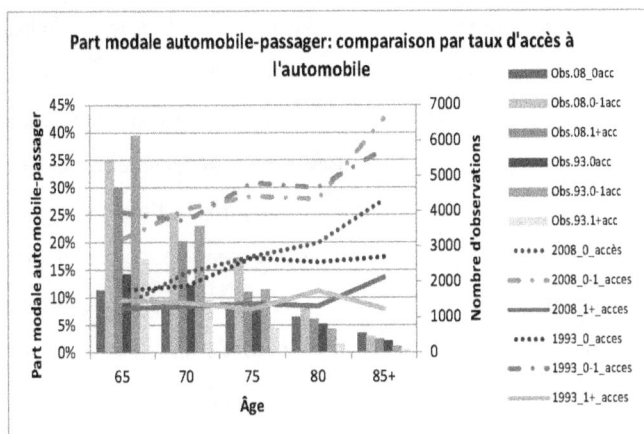

Figure 4-44 : Progression de la part modale de l'automobile passager par âge, taux d'accès à l'automobile et année d'enquête

4.5.5 Part modale marche et vélo

La Figure 4-45 présente l'évolution de la part modale de la marche et du vélo entre 1987 et 2008. L'utilisation de ce mode a fortement décliné causée principalement par des effets cohortes (importants jusqu'à la cohorte de 1927). Par la suite, une stabilisation de l'utilisation de ce mode dans les cohortes subséquentes est observée. L'âge semble avoir un effet positif sur cet indicateur jusqu'à 90 ans où une diminution importante de la part modale est observée. Les tendances entre 1987 et 2008, ainsi que les effets d'âge et de cohorte, sont pratiquement semblables pour les hommes et les femmes (Figure 4-46). De plus, les différences entre les deux sexes tendent à diminuer, les cohortes de 1942 d'hommes et de femmes ayant des comportements presque similaires. L'analyse spatiale démontre que la distance au centre-ville a un effet important sur la part modale de la marche et du vélo, malgré le fait qu'il est difficile de tirer des conclusions de l'analyse des tendances entre 1987 et 2008 (Figure 4-48). En effet, bien que la totalité des augmentations se soit effectuée sur l'île de

Montréal, plusieurs quartiers centraux ont diminué la part de marche-vélo tandis que d'autres l'ont augmenté. Finalement, une analyse par taux d'accès à l'automobile démontre que les non-motorisés ont une part modale jusqu'à quatre fois plus importante que les semi-motorisés et motorisés dont le comportement est similaire (Figure 4-50). De plus, cette analyse par taux d'accès laisse planer un doute sur la pertinence des effets âge-période-cohorte observés étant donné que les comportements entre différents groupes de motorisation sont demeurés similaires. Par conséquent, une diminution de la part modale serait peut-être attribuable à une augmentation de la motorisation chez les personnes âgées.

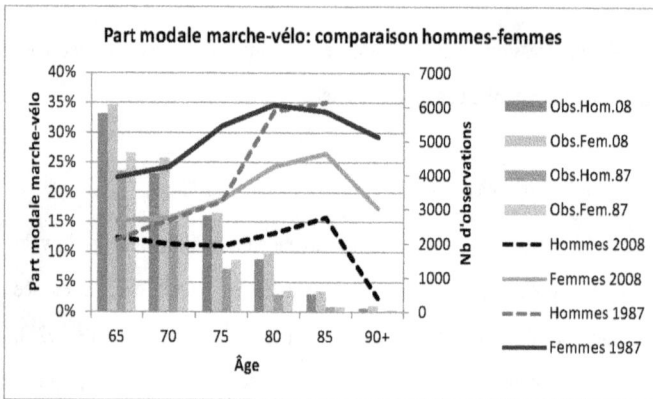

Figure 4-45 : Progression de la part modale de marche et vélo par âge, sexe et année d'enquête

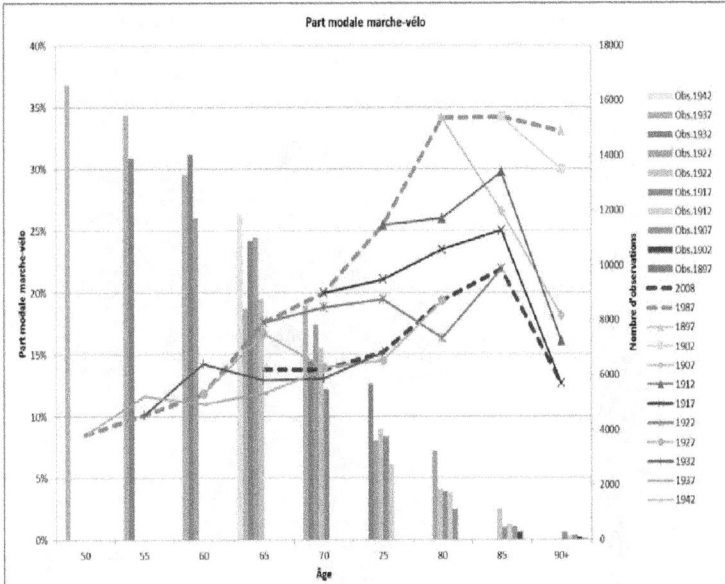

Figure 4-46 : Progression de la part modale de marche et vélo par âge et année d'enquête

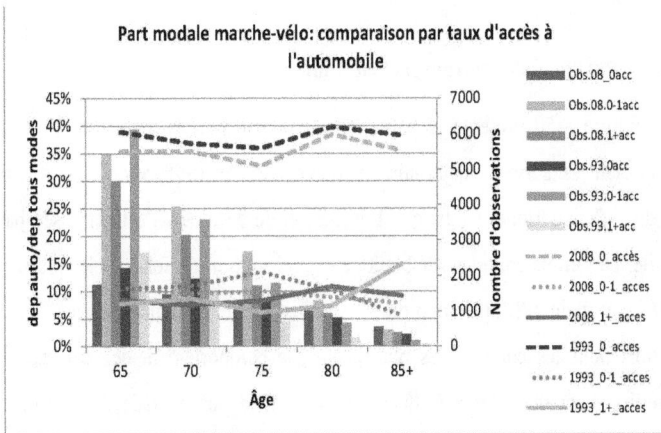

Figure 4-47 : Progression de la part modale de marche et vélo par âge, taux d'accès à l'automobile et année d'enquête

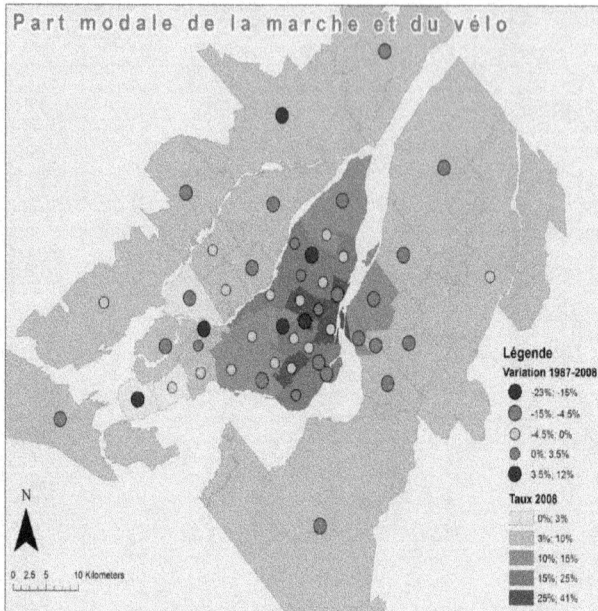

Figure 4-48 : Analyse spatiale de la part modale de marche-vélo par secteur de résidence

4.5.6 Part modale du transport en commun

La Figure 4-50 présente la part modale du transport en commun. Un déclin important est survenu majoritairement entre 1987 et 1998, attribuable sûrement à des effets période, tandis que l'utilisation de ce mode s'est stabilisée par la suite. Des effets cohortes semblent perceptibles pour les cohortes les plus âgées (1922 et moins). L'utilisation du transport en commun augmente avec l'âge, du moins pour les cohortes les plus jeunes, le comportement des cohortes plus vieilles étant difficiles à évaluer. En somme, la part modale du transport en commun est difficile à décortiquer en tant qu'effets âge-période-cohorte.

Les différences entre les hommes et les femmes demeurent importantes en 2008 même si les effets APC tendent à devenir similaires entre les deux sexes (Figure

106

4-49). En effet, en 1987, pour les femmes, l'utilisation du transport en commun déclinait rapidement pour les 80 ans et plus, tandis que pour les femmes, elle augmentait dès 65 ans. En 2008, les comportements semblent être beaucoup plus stables avec seulement un léger déclin pour les hommes de 80 ans et plus. Toutefois, les deux sexes ont connu les mêmes tendances APC avec une diminution rapide entre 1987 et 1998 et des effets cohortes de moins en moins importants. L'âge semble avoir un effet positif sur la part modale du transport en commun chez les femmes. Toutefois, chez les hommes, l'âge aurait un effet positif jusqu'à 80 ans et négatif par la suite. Cependant, l'effet de l'âge est très difficile à évaluer à cause des effets de période.

L'analyse spatiale permet de visualiser le déclin de l'utilisation du transport qui survient partout dans la GRM, à l'exception de deux secteurs, dont la part modale est négligeable (Figure 4-54). L'utilisation du transport en commun est concentrée dans la région de Montréal alors que dans la périphérie, la part modale ne dépasse pas le 6%, à l'exception de Longueuil. Finalement, tout comme la part modale de marche et vélo, la relative stabilité de l'utilisation du transport parmi les différents groupes de motorisation laissent suppose que le déclin soit en partie attribuable à une augmentation de la motorisation plutôt qu'à des effets d'âge-période-cohorte (Figure 4-55).

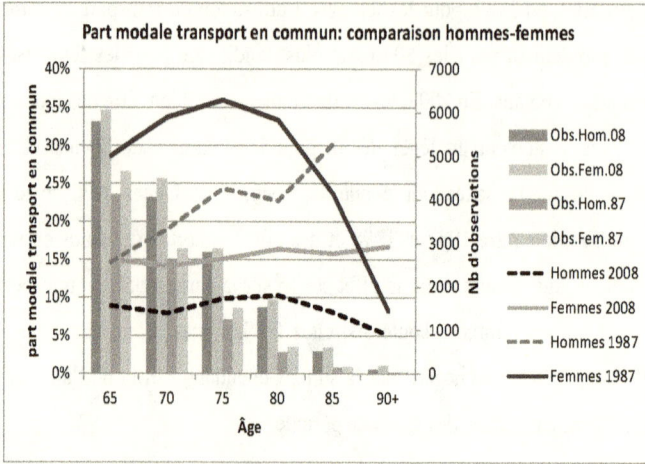

Figure 4-49 : Progression de la part modale de transport en commun par âge, sexe et année d'enquête

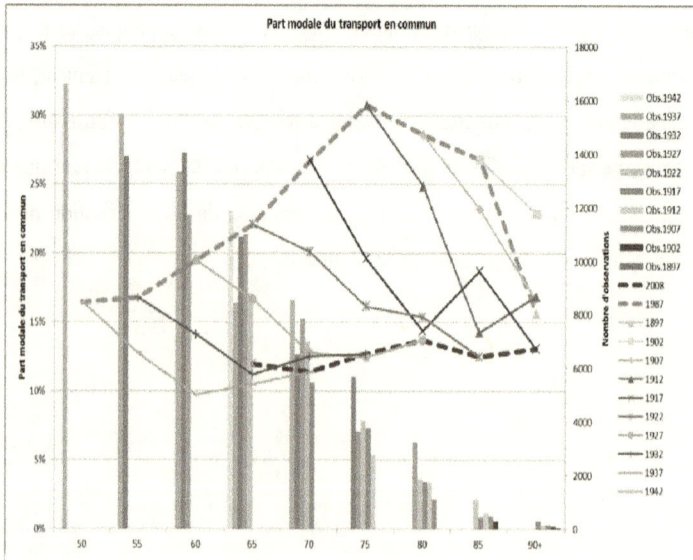

Figure 4-50 : Progression de la part modale de transport en commun par âge et année d'enquête

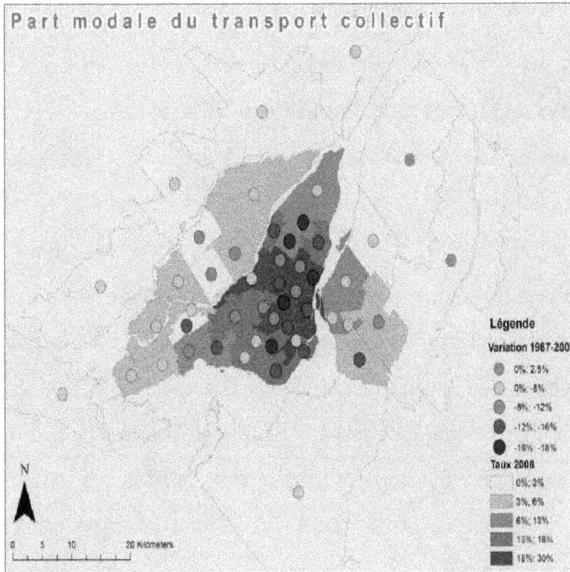

Figure 4-51 : Analyse spatiale de la part modale du transport en commun par secteur de résidence

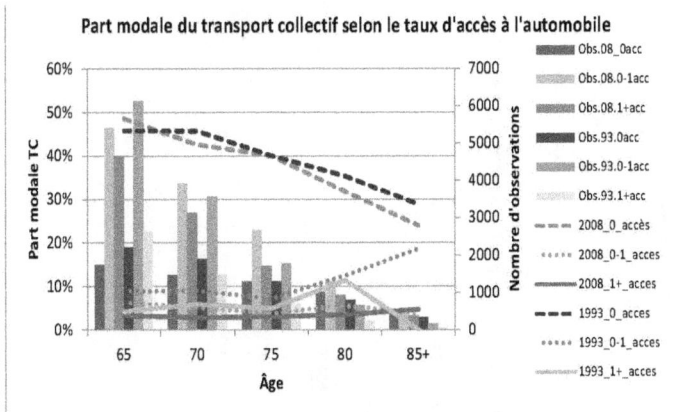

Figure 4-52 : Progression de la part modale de transport en commun par âge, taux d'accès à l'automobile et année d'enquête

4.5.7 Part des déplacements en heures de pointe

La Figure 4-53 présente la part des déplacements effectués en heures de pointe. L'analyse de cet indicateur démontre que les personnes âgées en 2008 ont sensiblement le même comportement qu'en 1987. En effet, les effets de cohortes sont pratiquement nuls et l'effet de l'âge est très fort entre 50 et 65, puis de faible ampleur entre 65 et 70 ans, pour devenir pratiquement nul par la suite : peu de personnes âgées se déplacent en heures de pointe. Toutefois, un effet période est visible pour les cohortes entre 50 et 65 ans, attribuable certainement au nombre moyen de déplacements plus important en 1993 et 1998. En somme, cet indicateur est très semblable à la part de déplacements à motif travail. Il n'existe pas de différences importantes entre les hommes et les femmes. L'analyse spatiale ne permet pas d'identifier des tendances par secteur de résidence (Figure 4-57).

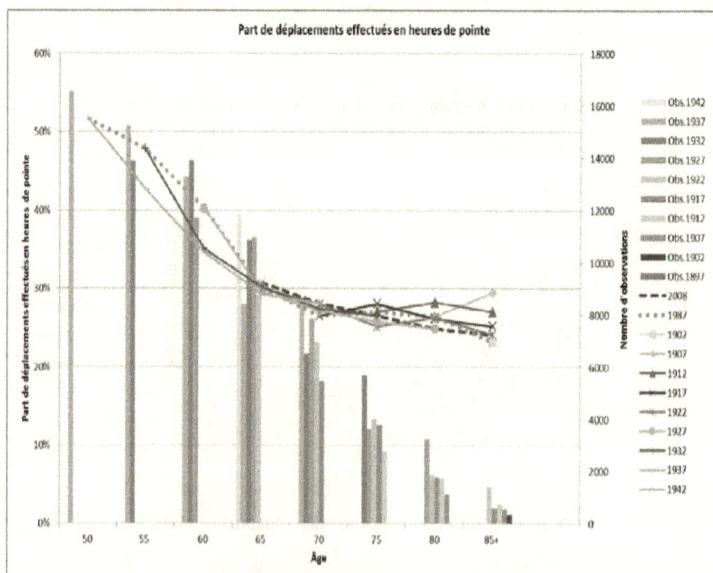

Figure 4-53 : Progression de la part des déplacements effectués en heures de pointe par âge et année d'enquête

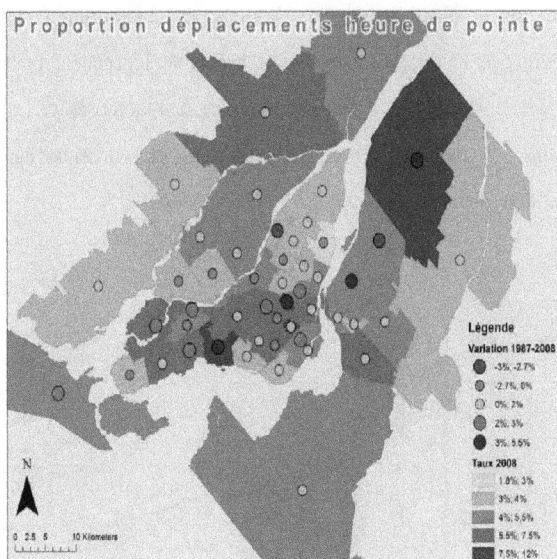

Figure 4-54 : Analyse spatiale de la part de déplacements effectués en heures de pointe par secteur de résidence

4.5.8 Distance moyenne des déplacements

La Figure 4-55 présente la distance moyenne à vol d'oiseau des déplacements. Une augmentation est remarquée pour les 70 à 90 ans entre 1987 et 2008. Cette augmentation ne semble pas être due à des effets cohortes, mais plutôt à des effets période. L'âge a un effet négatif de faible ampleur. De plus, les plus vieilles cohortes ont des comportements étranges à 90 ans qui pourraient poser problème lors de la modélisation APC du phénomène. L'analyse spatiale (Figure 4-57) démontre que les personnes résidant dans les quartiers centraux font des déplacements plus courts que celles des périphéries. Toutefois, l'analyse de la variation entre 1987 et 2008 ne permet pas d'identifier une tendance spatiale. Les différences entre les hommes et les femmes persistent même si ces dernières ont connu une augmentation plus importante de cet indicateur pour tous les groupes d'âge. Pour les hommes, cette augmentation concerne principalement

111

les 80 ans et plus. Finalement, l'analyse par motorisation (Figure 4-59) démontre que la distance moyenne a augmenté légèrement pour les semi-motorisés tandis qu'elle a diminué pour les non-motorisés et les motorisés. Toutefois, ces tendances ne semblent pas claires, les courbes par âge ne suivant pas toutes les mêmes logiques qu'observée ci-dessus.

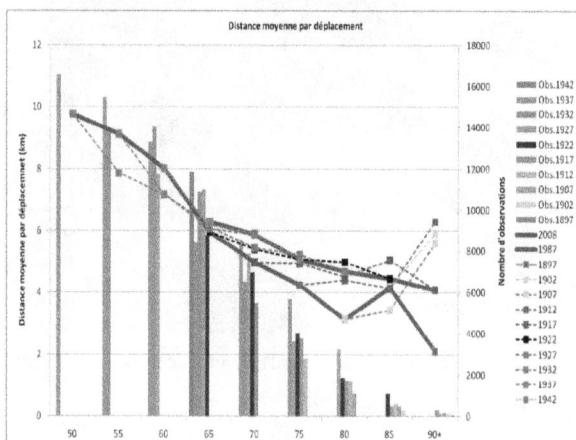

Figure 4-55 : Progression de la distance moyenne par déplacement par âge et année d'enquête

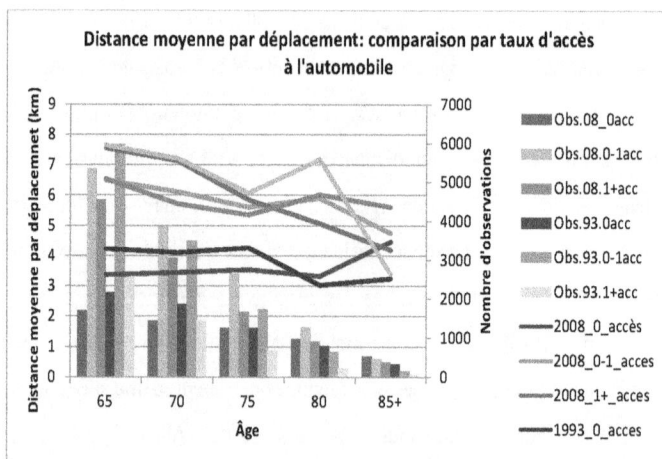

Figure 4-56 : Progression de la distance moyenne par déplacement par âge, taux d'accès à l'automobile et année d'enquête

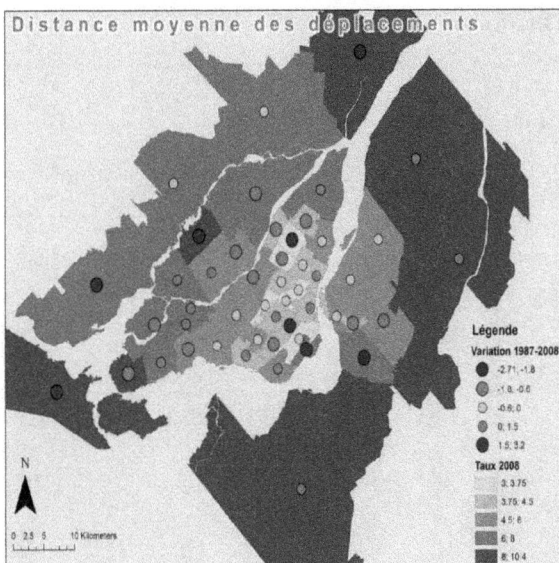

Figure 4-57 : Analyse spatiale de la distance moyenne des déplacements par secteur de résidence

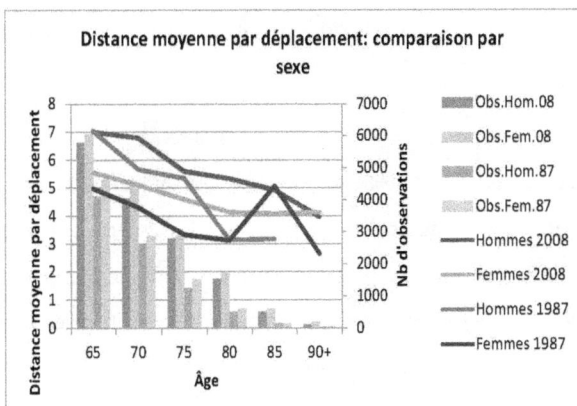

Figure 4-58 : Progression de la distance moyenne par déplacement par âge, sexe et année d'enquête

4.5.9 Durée moyenne des activités

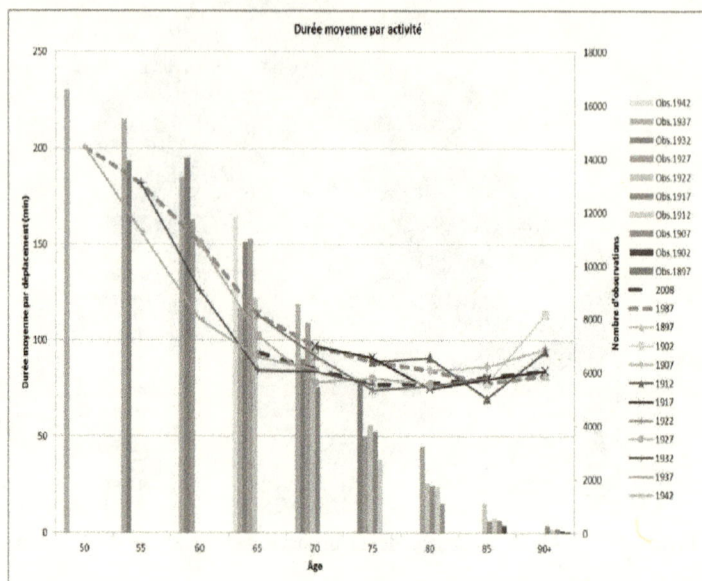

Figure 4-59 : Progression de la distance moyenne par déplacement par âge et année d'enquête

La Figure 4-59 présente la durée moyenne des activités. Une diminution s'est produite entre 1987 et 2008 qui ne semble pas attribuable à des effets de cohortes. Il s'agirait plutôt d'un effet de période, la baisse concernant toutes les cohortes. L'âge n'a pas un effet important après 65 ans. Les comportements des femmes et des hommes sont similaires. L'analyse spatiale (Figure 4-61) permet de conclure qu'il n'y a pas de tendances importantes selon la distance au centre-ville.

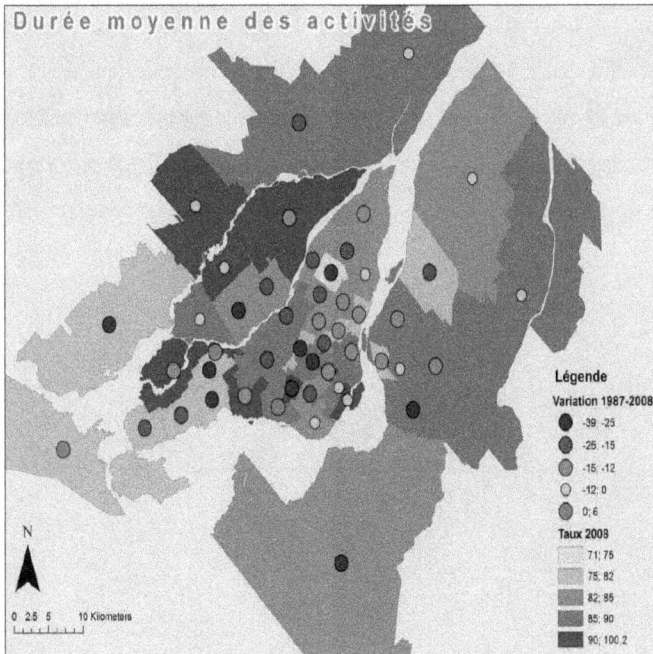

Figure 4-61 : Analyse spatiale de la durée moyenne des activités par secteur de résidence.

4.6 Résumé

Le chapitre 4 a permis de présenter les différentes tendances liées à la mobilité des personnes âgées. L'analyse de plusieurs indicateurs a permis de faire ressortir plusieurs conclusions sur les effets d'âge, période et cohorte et sur la pertinence d'utiliser une méthode d'analyse rigoureuse. Tout d'abord, la variabilité des comportements observés semble être en partie attribuable à des effets APC. Cependant, certaines tendances ne semblent pas être affectées par ces trois effets simultanément; parfois seulement un ou deux effets sont présents. En outre, la présence d'effets périodes forts rend très difficile l'identification des effets d'âge et de cohortes dans certains cas. De plus, l'analyse de différentes

115

variables explicatives peut expliquer un changement dans les comportements. En effet, comme vu dans ce chapitre, le secteur de résidence, le sexe et le taux d'accès à l'automobile ont des effets sur la majorité des indicateurs étudiés. Par conséquent, l'analyse tendancielle descriptive n'est pas suffisante pour expliquer les comportements des personnes et un modèle âge-période-cohorte sera utilisé.

CHAPITRE 5   MODÉLISATION DES EFFETS D'ÂGE, PÉRIODE ET COHORTE

Le modèle âge-période-cohorte a été développé comme une méthode d'interprétation du diagramme de Lexis et de l'analyse transversale et longitudinale. Son objectif est de modéliser les effets respectifs de l'âge, de la cohorte et de la période sur l'évolution des comportements de la population. La modélisation des effets APC est un processus par étape qui demande une grande connaissance du phénomène étudié et une bonne capacité d'interprétation des résultats. Le processus d'identification des effets âge-période-cohorte est présenté dans la Figure 5-1, présentant l'idée générale de l'identification des effets APC. Cette méthodologie propose de modéliser le phénomène en tant qu'âge-période-cohorte et par la suite, d'éliminer certains effets. En effet, dans le chapitre 4, plusieurs hypothèses sur la présence et l'ampleur des effets APC ont été émises et certaines tendances observées n'étaient pas influencées par des effets d'âge, période et cohorte, mais parfois par seulement deux, ou même un seul, effets.

La Figure 5-2 présente la méthode pour arriver à correctement identifier des phénomènes qui ne seraient pas influencés par des effets d'âge, de période et de cohorte. Cette figure est un exemple de méthode d'identification des effets dans le cas où les effets cohortes auraient été identifiés comme non-significatifs. En résumé la méthodologie de décomposition des effets se divise en trois étapes. La première étape est la modélisation âge-période-cohorte du phénomène. Toutefois, il arrive que les trois effets n'aient pas tous un impact sur le phénomène étudié. Par conséquent, si, par exemple, le modèle a identifié que les effets cohortes ne sont pas significatifs, il convient de passer à la deuxième étape qui est la modélisation à deux effets (méthode d'élimination) ou l'agrégation des effets cohortes (méthode d'agrégation). La méthode d'élimination suppose qu'aucun effet cohorte n'existe et la méthode d'agrégation présume que les effets cohortes identifiés ne sont pas tous significatifs. Par exemple, il se pourrait que les effets cohortes ne soient significatifs qu'à partir de la cohorte de 1922, les cohortes antérieures ayant toutes le même comportement. Par conséquent, un effet de cohorte égal pour les cohortes antérieures à 1922 serait préférable à un effet cohorte pour chaque cohorte (effet pour 1897, 1902, 1907, etc). Finalement, la dernière étape est nécessaire si l'élimination ou l'agrégation des effets cohortes ne permet pas d'obtenir un modèle significatif. Dans ce cas-ci, cela signifierait que les effets d'âge ou de période ne sont pas significatifs. Cette dernière étape est similaire à la deuxième étape alors qu'il faut choisir entre une méthode d'agrégation ou d'élimination des effets. Finalement, si cette dernière étape ne permet pas de correctement identifier les effets, le phénomène est considéré comme non influencé par des effets A et/ou P et/ou C. Toutefois, dans ce projet, nous n'avons pas rencontré de telles situations. Naturellement, cette méthodologie est similaire pour un modèle APC dont les effets d'âge ou de période ne seraient pas significatifs.

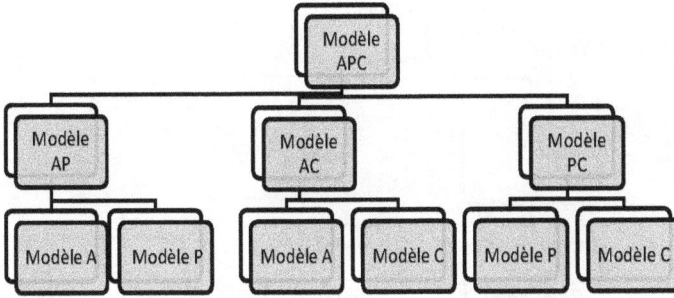

Figure 5-1 : Processus général d'identification des effets

Ce chapitre vise à présenter cette méthode d'identification des effets APC. La première section présente les deux principales méthodes : la méthode conventionnelle (GLM) et l'estimateur intrinsèque (IE). Ces deux modèles sont les plus utilisés dans la littérature et ont chacun leurs avantages et leurs limitations. Une démonstration étape par étape de la modélisation sera effectuée ainsi qu'une présentation de l'interprétation des résultats. L'identification des effets APC du taux d'accès à l'automobile permettra au lecteur de mieux comprendre la méthode. La deuxième section du chapitre présente la méthodologie d'agrégation et d'élimination des effets. Finalement, la dernière section présente l'intérêt d'incorporer différentes variables explicatives dans le modèle.

119

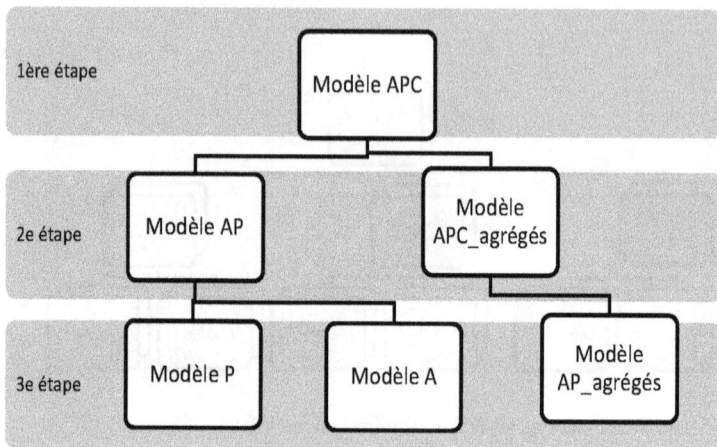

Figure 5-2 : Méthodologie spécifique d'identification des effets

5.1 Modélisation âge-période-cohorte

Cette section présente les différentes étapes nécessaires à la modélisation âge-période-cohorte, première étape de la méthodologie d'identification des effets. Tout d'abord, la formulation et la problématique de ce modèle seront présentées. Par la suite, une présentation du modèle conventionnel (GLM) et de l'estimateur intrinsèque (IE) sera effectuée. Finalement, une démonstration de la performance du modèle complètera cette section. Afin de faciliter la compréhension de la méthode, la modélisation du taux d'accès à l'automobile est présentée en exemple.

5.1.1 Formulation et problématique

La formulation classique du modèle âge-période-cohorte est construite sous forme de variables catégorielles et des données agrégées. Il s'agit d'un modèle linéaire à effets additifs :

$$V(a, p, c) = u + A(a) + P(p) + C(c) + e\,(a, p, c)$$

Où :

V(a,p,c) est la mesure du comportement de l'individu (motorisation, distance des déplacements) d'un individu dont l'âge est a, appartenant à la cohorte c durant l'année p.

u: est la constante

A(a) est l'effet de l'âge

P (p) est l'effet de période

C (c) est l'effet de cohorte

e (a,p,c) est l'erreur du modèle

Il s'agit d'un modèle à effets fixes, ce qui signifie que les effets d'âge sont applicables pour toutes les périodes et cohortes, les effets de cohortes pour tous les âges et périodes et les effets de périodes pour toutes les cohortes et âges.

Dans ce projet, le modèle âge-période-cohorte sera utilisé pour comprendre le comportement des cohortes à travers le temps. Par conséquent, même si la modélisation s'effectue avec des données désagrégées, la modélisation s'intéresse à la cohorte et non pas à l'individu. C'est le comportement de la cohorte qui est étudié puis projeté dans le futur.

La nature des différentes variables catégorielles utilisées est la principale limitation du modèle, la colinéarité des effets âge-période-cohorte étant trop forte pour être estimée par une régression linéaire. Il s'agit du problème d'identification. En effet, chaque variable âge, période ou cohorte prise individuellement est une fonction parfaite des deux autres effets (période-âge=cohorte; âge+cohorte=période; période-cohorte=âge). Il s'agit d'un problème mathématique, car, dans une régression linéaire, la variable dépendante (phénomène étudié) doit être linéairement reliée aux variables indépendantes (âge-période et cohorte). Toutefois, dans un modèle âge-période-cohorte, les variables indépendantes sont aussi linéairement reliées entre elles, posant ainsi un problème colinéarité (Fine & Fotso, 1989; K. Mason, Mason, Winsborough, & Poole, 1973). Il est impossible, sous cette forme, de pouvoir estimer mathématiquement les effets APC.

Dans la littérature, plusieurs méthodes ont été développées afin de proposer une solution au problème d'identification. Ce mémoire en présente et en utilise deux : la méthode conventionnelle (GLM) et l'estimateur intrinsèque (IE). La méthode GLM est celle qui est la plus utilisée tandis que l'IE est celle qui promet une estimation des différents effets avec le moins de biais.

5.1.2 Méthode conventionnelle

La méthode conventionnelle (GLM) a été développée par Mason et al (1973, 1985). La régression linéaire ne pouvant être utilisée dans le cas où la relation entre la variable dépendante et les variables ne peut se résumer à une droite, l'estimation des effets APC se fait à l'aide d'un modèle linéaire généralisé. La réponse du GLM au problème d'identification se fait par l'imposition d'une contrainte sur deux variables indépendantes afin de briser le problème de linéarité parfaite entre les effets APC. Cette contrainte consiste à obliger le modèle à estimer que deux effets soient équivalents. Une explication plus détaillée du problème de la contrainte sera présentée dans cette section.

Une description complète étape par étape de la méthode sera présentée en trois sections : la base de données, l'explication des différentes composantes de l'équation et finalement les limitations de ce modèle.

5.1.2.1 Base de données

Afin de faciliter la comparaison entre le modèle conventionnel (GLM) et l'estimateur intrinsèque (IE), la même base de données est utilisée (voir Tableau 5-1). Par conséquent, seulement les observations des personnes ayant 65 ans et plus seront intégrées dans le modèle. La coloration des cohortes permet de constater que certaines cohortes (cohorte 1912, 1917, 1922, 1927) sont incluses jusqu'à quatre fois dans le modèle tandis que d'autres seulement une fois (cohorte 1897, 1942). Les données utilisées pour le modèle sont dans la même forme que pour l'analyse transversale et longitudinale, c'est-à-dire qu'une agrégation des âges en groupe de 5 ans est effectuée et que la dérivation des années de naissance s'est faite avec les enquêtes diminuées d'un an (1993 devient 1992, etc), à l'exception de 1987.

Tableau 5-1 : Base de données utilisée

Âge/Période	1987	1992	1997	2002	2007
65	1922	1927	1932	1937	1942
70	1917	1922	1927	1932	1937
75	1912	1917	1922	1927	1932
80	1907	1912	1917	1922	1927
85	1902	1907	1912	1917	1922
90	1897	1902	1907	1912	1917

Étant donné qu'il s'agit d'un modèle à variable catégorielle, la première étape est la transformation de la base de données de l'enquête OD en base de données à variables binaires (1 ou 0). Le Tableau 5-2 présente une partie de la base de données utilisée dans l'estimation du modèle. Les variables en gris représentent les caractéristiques des observations et ne servent qu'à créer les variables binaires afin d'estimer la variable dépendante et son poids dans la population.

Dans cet exemple, l'estimation du modèle se fait à partir d'une base de données désagrégée au niveau de la personne. Les différentes variables utilisées dans le modèle sont présentées dans le Tableau 5-3. Le but du modèle est de décomposer la motorisation en des effets d'âge-période-cohorte. Dans cet exemple, la variable dépendante est le taux d'accès à l'automobile par personne. Le taux d'échantillonnage n'étant pas similaire pour toutes les enquêtes OD, l'utilisation des facteurs de pondération dans les modèles permettra de contrôler ces différences dans la taille de l'échantillon. Par conséquent, un poids sera attribué à chaque observation. Des explications supplémentaires sur la variable dépendante et la pondération seront présentées dans la section suivante.

Tableau 5-2 : Exemple de base de données

Caractéristiques de l'observation (période, âge et cohorte)			Variable dépendante	Poids	Variables (résumé)			indépendantes	
Pér	Âge	Cohort	Taux d'accès	Facteur de pondération	A65	A70	A75	C1922	P1987
1987	65	1922	0.5	43.41	1	0	0	1	1
1987	70	1917	1	27.43	0	1	0	0	1
1987	75	1912	0	17.89	0	0	1	0	1

Tableau 5-3 : Variables dépendantes et indépendantes du modèle APC

'ariables	lom de la ariable	ritère
'ar.dépendante	aux 'accès	aux d'accès à automobile
'oids	oids	acteur d'expansion
	65	i groupe d'âge=65
	70	i groupe d'âge =70
	75	i groupe d'âge =75
	80	i groupe d'âge =80
	85	i groupe d'âge =85
	90	i groupe d'âge =90
	1897	i cohorte=1897
	1902	i cohorte=1902
	1907	i cohorte=1907
	1912	i cohorte=1912
	1917	i cohorte=1917
	1922	i cohorte=1922
Variables indépendantes	1927	i cohorte=1927
	1932	i cohorte=1932
	1937	i cohorte=1937
	1942	i cohorte=1942
	1987	i period=1987
	1992	i period=1992
	1997	i period=1997
	2002	i period=2002
	2007	i period=2007

5.1.2.2 Identification des effets APC

La base de données étant recodée en variables binaires, il est maintenant possible de procéder à l'estimation des effets des différentes variables indépendantes. L'estimation du modèle s'effectue en quatre étapes à l'aide du logiciel STATA:

définition de la variable dépendante, méthode d'optimisation, choix du paramètre d'échelle et définition de la contrainte. Les différents choix méthodologiques sont inspirés de Yang (2004), Hardin et Hibe (2001) et McCullagh et Nelder (1989). Les notions relatives à la modélisation et les concepts liés au modèle linéaire généralisé proviennent de la documentation du logiciel STATA.

5.1.2.2.1 Variable dépendante

La première étape dans un GLM est de choisir la distribution de la variable dépendante et le lien canonique (lien entre variables dépendante et indépendantes). Le choix de la distribution de la variable dépendante a un effet sur l'estimation des différentes variables indépendantes et sur leur significativité. Selon Yang (2004), dans le cas d'une analyse démographique, la distribution et les liens canoniques appropriés sont :

- Lorsque la variable dépendante est une variable discrète (0,1,2,3) et représentant un comptage (une automobile par ménage, 200 décès par cohortes, etc), la distribution de Poisson avec lien canonique logarithmique est la forme appropriée. Naturellement, la variable dépendante doit être positive et doit être un nombre entier. Il est aussi possible d'utiliser des taux comme variable dépendante (taux de mortalité d'une cohorte), même si ceux-ci ne sont pas en nombres entiers, car ces taux sont en fait calculés selon un comptage (nombre de morts) sur un facteur d'exposition (population de la cohorte) (McCullagh & Nelder, 1989). La distribution de Poisson peut, par conséquent, être utilisée malgré la valeur non discrète du taux.

- Lorsque la variable dépendante (par exemple le fait d'être mobile ou non) n'est pas un comptage, mais représente un choix discret (0,1), une distribution binomiale avec lien canonique logit est recommandée. La variable dépendante ne peut prendre que la forme 0 ou 1.

- Lorsque la variable dépendante n'est pas un comptage, mais une valeur continue (1.345, 1.346, etc), une distribution normale avec un lien canonique logarithmique est utilisée. La distance au centre-ville prend cette forme.

Par la suite, après le choix de la distribution et du lien canonique, il convient de choisir une méthode de pondération des données. Il existe deux formes de pondération possibles :

- La pondération par exposition qui représente l'ampleur de la variable dépendante par rapport au regroupement APC, dans le cas où la variable dépendante n'est pas un taux. Cette pondération sert à calculer le taux par regroupement. Dans cet exemple, la pondération par exposition sera utilisée, car la variable dépendante étant le nombre d'automobiles, l'utilisation de la population du regroupement comme pondération s'applique.

- La pondération par poids permet de pondérer chaque regroupement. Cette pondération est particulièrement utile lorsque des données désagrégées sont utilisées. Il existe plusieurs formes de poids possibles dans STATA mais celui qui convient le mieux aux enquêtes OD est le poids d'échantillonnage (*sampling weight*). Par exemple, en utilisant une base de données désagrégée, le taux d'accès à l'automobile non pondéré serait utilisé comme variable dépendante et le facteur d'expansion de l'enquête OD comme poids d'échantillonnage.

Une comparaison des différentes pondérations a été effectuée (annexe 3) et il est préférable d'utiliser une base de données désagrégée avec pondération par poids. Pour le taux d'accès à l'automobile, la distribution de la variable dépendante est Poisson et le lien canonique utilisé est logarithmique.

5.1.2.2.2 Méthode d'optimisation

La deuxième étape dans le GLM est de choisir la méthode d'optimisation. Dans STATA, pour le modèle linéaire généralisé, deux méthodes d'optimisation sont possibles : maximisation de la vraisemblance (MLE : *maximum likelihood estimation*) ou maximisation de la quasi-vraisemblance (IRLS : *iterated reweighted least squares*). Dans le cas d'un modèle âge-période-cohorte modélisé avec GLM, il est préférable de choisir la maximisation de la vraisemblance alors que, dans STATA, l'IRLS ne permet pas de choisir les contraintes (Yang, 2004). La technique d'optimisation proposée pour la maximisation de la vraisemblance est celle de Newton-Raphson. Il n'existe pas plusieurs techniques d'optimisation pour l'IRLS. Yang (2004) affirme que la maximisation de la quasi-vraisemblance est préférable pour l'IE.

5.1.2.2.3 Paramètre d'échelle

La troisième étape dans le GLM est de choisir le paramètre d'échelle. Le paramètre d'échelle est un paramètre numérique qui régit l'aplatissement d'une famille paramétrique de lois de probabilités. Le choix du paramètre d'échelle affecte le calcul des l'erreur type affectant ainsi la significativité des coefficients. Trois paramètres d'échelle peuvent être choisis dans STATA :

1. Paramètre d'échelle de 1 pour les distributions discrètes (binomiales et Poisson);

2. Paramètre d'échelle Pearson basée sur le chi carré de Pearson divisé par les degrés de liberté résiduels qui est un bon choix pour les distributions continues selon McCullagh et Nelder (1989). Ce paramètre d'échelle est utilisé pour les distributions continues du modèle GLM.

3. Paramètre d'échelle Déviance basée sur la déviance divisée par les degrés de liberté résiduels qui est une alternative au paramètre d'échelle du chi carré de Pearson pour des distributions continues ou des distributions discrètes surdispersées ou sousdispersées. Yang (2004) propose d'utiliser ce paramètre d'échelle pour le modèle IE.

5.1.2.2.4 Choix des contraintes

Finalement, la dernière étape du GLM est le choix des contraintes. Cette étape est nécessaire afin de réussir à estimer un modèle âge-période-cohorte. Tout d'abord, il faut obliger le modèle à garder les variables qui sont colinéaires. Toutefois, sans l'imposition de contraintes, le modèle ne réussira pas à estimer l'effet des différentes variables explicatives. Par conséquent, quatre contraintes ont été imposées au modèle :

- L'effet de a65 est égal à 0

- L'effet de p1987 est égal à 0

- L'effet de c1897 est égal à 0

- L'effet de c1937 est égal à l'effet de c1942

L'analyse descriptive n'ayant pas permis de faire ressortir deux effets dont l'impact sera similaire, le choix de la contrainte a été fait sur les deux plus jeunes cohortes. Naturellement, il s'agit d'une décision arbitraire, toute contrainte pouvant être choisie. Tandis que les trois premières contraintes n'ont pas d'effets importants sur l'estimation des effets, car elles ne font que déterminer quelles seront les catégories de référence pour les effets d'âge, de période et de cohorte, le choix de la quatrième contrainte est important étant donné qu'il suppose l'équivalence des effets. Le choix de cette contrainte d'équivalence influence fortement les estimations du modèle. Pour un exemple des déformations liées aux contraintes, voir annexe 5.

5.1.2.2.5 Résultats de la modélisation

Cette méthodologie a été appliquée au taux d'accès à l'automobile. Un résumé des différentes caractéristiques de l'estimation du modèle est présenté dans le Tableau 5-4. Suite à différents tests sur les données longitudinales (voir annexe 4), les individus dont le taux d'accès à l'automobile était supérieur à 2 ont été exclus de la modélisation. Les résultats de l'estimation des effets des différentes variables indépendantes sont présentés dans le Tableau 5-5. Les différents coefficients estimés représentent l'impact de la variable indépendante sur le phénomène étudié. Par exemple, l'analyse des coefficients négatifs de l'âge démontre que cet effet a un impact négatif, démontrant ainsi que vieillir réduit le taux d'accès à l'automobile. À l'opposé, les coefficients positifs de la période confirment que cet effet a augmenté continuellement entre 1987 et 2008, expliquant ainsi en partie la hausse du taux d'accès à l'automobile. La coloration en gris des valeurs p>z signifie que la variable n'est pas significative (à 0.05), ce qui est le cas pour la majorité des effets cohortes. Le critère d'évaluation du modèle (déviance) sera présenté dans la section sur l'intégration des différentes variables explicatives.

5.1.2.3 Limitations du modèle GLM

Toutefois, même si l'utilisation d'un GLM permet de décomposer les effets âge-période-cohorte, quatre limitations importantes sont présentes (Glenn, 1977, 2005; Yang, Fu, & Land, 2004):

1. La linéarité des effets n'est brisée que dans le modèle, il convient alors de s'assurer que les effets ne soient pas parfaitement linéaires au départ. Dans le cas d'une linéarité parfaite entre APC, il est difficile d'estimer si les changements sont attribuables à un effet ou à une combinaison des deux autres effets.

2. Tel que mentionné, le choix de la contrainte a un impact important sur l'estimation de l'effet des différentes variables indépendantes. En effet, différents tests (voir annexe 5) ont été effectués pour démontrer l'ampleur de la variabilité des tendances estimées selon les différentes contraintes. De plus, malgré l'estimation erronée de plusieurs variables indépendantes due à l'imposition de contraintes dont les effets n'étaient pas équivalents, la qualité de ces modèles étant similaire à ceux dont les résultats étaient plus proches de la réalité. Par conséquent, l'analyse des résultats du modèle ne permet pas de choisir la meilleure contrainte, le choix de celle-ci se faisant à l'aide des analyses longitudinales et transversales. En somme, ces expérimentations permettent de conclure qu'il est difficile de vérifier l'exactitude d'un modèle GLM.

3. L'hypothèse des effets additifs dans un modèle âge-période-cohorte n'est pas nécessairement représentative de la réalité. Cette hypothèse suppose que les effets d'âge sont constants pour toutes les cohortes/périodes, les effets de

cohortes constants pour tous les âges/périodes et les effets de période constants pour tous les âges/cohortes.

4. La taille de la matrice (nombre de fois qu'une cohorte est incluse dans le modèle) a une influence sur la valeur des coefficients estimés.

L'estimateur IE, le prochain modèle qui sera présenté et utilisé pour la modélisation APC, a été conçu pour répondre en partie à ces limitations. En effet, l'IE ne nécessite pas de contraintes et n'est pas influencé par la taille de la matrice. Toutefois, les limitations 2 et 4 s'imposent toujours. La littérature confirme que ce modèle est plus performant et plus solide que le GLM (Yang, 2005, 2006, 2008; Yang, et al., 2004; Yang, Schulhofer-Wohl, Fu, & Land, 2008). Par conséquent, à cause de ces nombreuses limitations, la modélisation APC sera effectuée à l'aide du modèle IE. De plus, différentes expérimentations ont démontré que les résultats de ce modèle sont plus fiables et que les tendances d'âge, période et cohorte sont plus justes que pour le modèle GLM (voir annexe 5).

Toutefois, la présentation de la méthode du modèle GLM ne s'est pas faite inutilement, ce modèle étant utilisé dans les étapes subséquentes de la méthode d'identification des effets, c'est-à-dire lorsqu'une élimination ou une agrégation des effets est nécessaire. De plus, l'IE est une forme spéciale de GLM qui utilise les mêmes procédés de base. Par conséquent, la compréhension du modèle GLM est nécessaire.

Tableau 5-4 : Caractéristiques d'estimation du modèle GLM_exemple

Nom	GLM_exemple
Caractéristiques des données	
Données	désagrégées
Nb d'obs	76219
Variable dépendante	accesauto

Pondération	Poids
Caractéristiques du modèle	
Distribution variable dépendante	Poisson
Lien canonique	Log
Méthode d'optimisation	maximisation de la vraisemblance
Technique d'optimisation	Newton Raphson
Paramètre d'échelle	1
Contrainte	c 1937=c 1942
Filtre	Accesauto<=2
Équation (format STATA)	
glm accesauto a65 a70 a75....c1942 if age>=65& accesauto<=2 [pweight=facpera], family (Poisson)link (log) collinear technique nr scale (x2)	

Tableau 5-5 : Identification effets APC estimés par GLM pour le taux d'accès à l'automobile

Critères d'évaluation du modèle						
Degrés lib	76201					
1/df Déviance	10.34					
RÉSULTATS DE L'ESTIMATION						
Var.exp	Coefficient	Std erreur	Z	p>z	95% int.confiance	
a65	ref	ref	ref	ref	ref	ref
a70	-0.096	0.013	7.380	0.000	-0.122	-0.071
a75	-0.234	0.028	8.410	0.000	-0.289	-0.180
a80	-0.376	0.042	8.870	0.000	-0.459	-0.293

a85	-0.489	0.060	-8.180	0.000		-0.606	-0.372
a90	-0.594	0.081	-7.320	0.000		-0.753	-0.435
p1987	ref		ref	ref	ref	ref	ref
p1992	0.130	0.020	6.620	0.000		0.092	0.169
p1997	0.253	0.031	8.170	0.000		0.193	0.314
p2002	0.325	0.046	7.080	0.000		0.235	0.415
p2007	0.381	0.054	7.030	0.000		0.275	0.487
c1897	ref		ref	ref	ref	ref	ref
c1902	-0.173	0.126	-1.370	0.169		-0.419	0.074
c1907	-0.110	0.120	-0.920	0.359		-0.346	0.125
c1912	-0.007	0.122	-0.060	0.956		-0.246	0.232
c1917	0.113	0.126	0.900	0.369		-0.134	0.360
c1922	0.188	0.133	1.420	0.156		-0.072	0.448
c1927	0.230	0.141	1.630	0.103		-0.046	0.506
c1932	0.257	0.149	1.720	0.085		-0.036	0.549
c1937	0.264	0.161	1.630	0.102		-0.053	0.580
c1942	0.264	0.161	1.630	0.102		-0.053	0.580
_cons	-1.170	0.131	-8.910	0.000		-1.427	-0.913

5.1.3 Estimateur intrinsèque

L'estimateur intrinsèque a été développé dans la dernière décennie par Fu (Fu, 2000; Yang, et al., 2004). Il s'agit d'une forme améliorée du GLM, les méthodologies de modélisation étant similaires à l'exception de la façon d'estimer les coefficients. Le principal avantage de l'IE est que cette méthode ne nécessite pas d'apposer une contrainte au modèle grâce à l'utilisation d'un algorithme spécial (Yang, 2006). De plus, le modèle ne fonctionne pas sur la base d'une catégorie de référence, une différente forme de contrainte est utilisée : la somme des coefficients d'âge, de cohorte et de période doit être égale à zéro. Cette contrainte différente modifie l'interprétation des coefficients alors que les effets APC sont plus interreliés entre eux. Pour plus d'informations sur l'IE, se référer à : (http://home.uchicago.edu/~yangy/apc/index.html)

5.1.3.1 Méthodologie d'analyse

La méthodologie d'estimation des effets à l'aide de l'IE sera détaillée de la même façon que pour le GLM. Toutefois, l'IE n'étant pas très différent du GLM, seulement les différences fondamentales seront présentées. L'estimateur IE est une fonction particulière disponible seulement sur le logiciel STATA. Le téléchargement d'un module STATA spécial, développé par Yang Yang et Sam Schulhofer-Wohl de l'université de Chicago, est nécessaire et disponible gratuitement en ligne (http://ideas.repec.org/c/boc/bocode/s456754.html).

L'IE ne nécessite pas une base de données en forme binaire. En effet, il suffit d'avoir au minimum deux effets par regroupement (l'IE calculera le troisième automatiquement selon la formule âge+cohorte=période). Comparativement au GLM, les données utilisées pour l'identification des effets doivent satisfaire deux critères :

1. Les regroupements doivent obligatoirement répondre à la logique âge+cohorte=période. Par conséquent, il n'est pas possible de combiner différents effets d'âge, de cohortes ou de périodes. Il s'agit d'une contrainte, le regroupement de certaines cohortes spécifiques ou la création de concept de cohortes plus larges (cohortes pré-guerre, cohortes post-automobile, etc) n'étant pas possible, mais parfois souhaitable.

2. L'estimateur IE est programmé pour estimer des données en forme transversale. Par conséquent, il faut au minimum une observation d'âge par période, l'estimation d'un effet d'âge pour une seule enquête ne peut se faire. De cette façon, Yang (2004) affirme que l'IE permet d'éliminer l'influence de la taille de la matrice (nombre de catégories d'âge/cohortes/période) sur l'identification des effets, comparativement au GLM.

La modélisation s'effectue en quatre étapes. Les deux premières étapes sont similaires au GLM : il faut choisir la distribution de la variable dépendante, le lien canonique correspondant ainsi que la pondération. Toutefois, comme spécifié, la méthode d'optimisation de ce modèle est la maximisation de la quasi-vraisemblance (IRLS) et le paramètre d'échelle utilisée est la déviance (dans le cas d'une distribution continue). Autrement, si la distribution est Poisson ou binaire, le paramètre d'échelle 1 est utilisé. Le Tableau 5-6 résume les différentes caractéristiques du modèle. Le Tableau 5-7 présente l'estimation des différents effets pour le modèle IE dont deux effets de cohortes ne sont pas significatifs.

Tableau 5-6 : Caractéristiques du modèle IE_exemple

Nom	IE_exemple
Caractéristiques des données	
Données	désagrégées
Nb d'obs	76219
Variable dépendante	accesauto
Pondération	poids
Caractéristiques du modèle	
Distribution variable dépendante	Poisson
Lien canonique	Log
Méthode d'optimisation	IRLS

Paramètre d'échelle	1

Équation (format STATA)
apc_ie accesauto if age>=65 & accesauto<=2 [pweight=facpera], age(age) cohort(cohort) period(period) family (Poisson) link (log) scale(1) irls

Tableau 5-7 : Identification effets APC estimés par IE pour le taux d'accès à l'automobile

Nom	IE_exemple				
Nb d'obs	76219				
Degrés lib	76201				
Déviance	10.34				
Filtre	accès_auto<2				
Var.exp	Coefficient	p>z	Std erreur	Z	95% int.confiance
age_65	0.338	0.000	0.016	21.680	0.307	0.368
age_70	0.226	0.000	0.011	20.300	0.204	0.248
age_75	0.072	0.000	0.011	6.330	0.050	0.094
age_80	-0.085	0.000	0.016	-5.290	-0.117	-0.054
age_85	-0.215	0.000	0.025	-8.720	-0.263	-0.167
age_90	-0.336	0.000	0.035	-9.720	-0.403	-0.268
periode_1987	-0.250	0.000	0.015	16.850	-0.279	-0.221
periode_1992	-0.104	0.000	0.011	-9.520	-0.125	-0.082
periode_1997	0.035	0.000	0.007	4.750	0.021	0.050
periode_2002	0.123	0.000	0.010	12.520	0.104	0.142
periode_2007	0.195	0.000	0.015	12.820	0.165	0.225
cohorte_1897	-0.031	0.683	0.076	-0.410	-0.181	0.119
cohorte_1902	-0.220	0.000	0.056	-3.940	-	-

					0.329	0.110
cohorte_1907	-0.173	0.000	0.041	-4.200	-0.254	-0.092
cohorte_1912	-0.085	0.005	0.031	-2.790	-0.146	-0.025
cohorte_1917	0.019	0.372	0.021	0.890	0.022	-0.059
cohorte_1922	0.078	0.000	0.014	5.680	0.051	0.105
cohorte_1927	0.103	0.000	0.009	11.000	0.085	0.122
cohorte_1932	0.114	0.000	0.008	14.230	0.099	0.130
cohorte_1937	0.106	0.000	0.012	8.560	0.081	0.130
cohorte_1942	0.090	0.000	0.020	4.440	0.050	0.130
constante	-1.148	0.000	0.013	87.690	-1.173	-1.122

5.2 Performance du modèle

Cette section présente la performance des modèles âge-période-cohorte pour le taux d'accès à l'automobile estimée avec le modèle IE. Le premier test pour évaluer la qualité des différents modèles est de comparer les données observées de l'enquête OD avec les données modélisées. Toutefois, pour obtenir le taux d'accès à l'automobile modélisé pour les différentes cohortes, une transformation des coefficients est effectuée selon la forme additive du modèle âge-période-cohorte (constante+âge+période+cohorte). Comme précisé dans la section précédente, le modèle estime les coefficients en lien canonique logarithmique ou logit. Dans le cas d'un lien logarithmique, la formule de reconstitution de la variable dépendante est :

$$var.\,dep = exp(constante + age_x + periode_X + cohort_x)$$

Par exemple, pour un individu qui avait 70 ans en 1993 (cohorte 1922) :

138

$$\exp(-1.3718+-0.0848+0.115+0.3952)=0.388$$

Si le modèle avait été estimé par un lien logit, la formule de reconstitution de la variable dépendante serait :

$$\text{Var.dep}= \frac{1}{(1+\exp-(constante+age_x+periode_x+cohort_x))}$$

Cette méthode de reconstitution de la variable dépendante est aussi utilisée pour comparer les effets bruts de l'âge, de la période et de la cohorte. Étant donné qu'il s'agit d'un modèle additif, un effet ne peut pas être pris séparément des deux autres, le calcul de la variable dépendante s'effectuant par une somme des trois effets. Par conséquent, afin d'isoler un seul effet, une cohorte de référence est utilisée. La cohorte de 1922 ayant 65 ans en 1987 sera utilisée dans tout le mémoire. Par conséquent, pour identifier l'effet de l'âge, les effets de la cohorte de 1922 et de la période de 1987 seront fixes tandis que l'effet de l'âge changera (65, 70, 75, 80, 85, 90). Cette identification des effets bruts permet d'estimer, pour une cohorte (1922) et une période donnée (1987), les comportements de la cohorte selon différents âges, démontrant ainsi comment vieillir affecte les habitudes de transport. La méthode est similaire pour évaluer les effets de période, de cohorte ou toute autre variable explicative. Toutefois, dans le cas d'une variable explicative, il est important de préciser que cette variable explicative supplémentaire sera calculée en fonction d'une caractéristique par cohorte. Par exemple, si en plus des effets APC, la distance au centre-ville était intégrée au modèle, la recomposition des effets intégrerait la distance moyenne au centre-ville de la cohorte à un âge et une période déterminée.

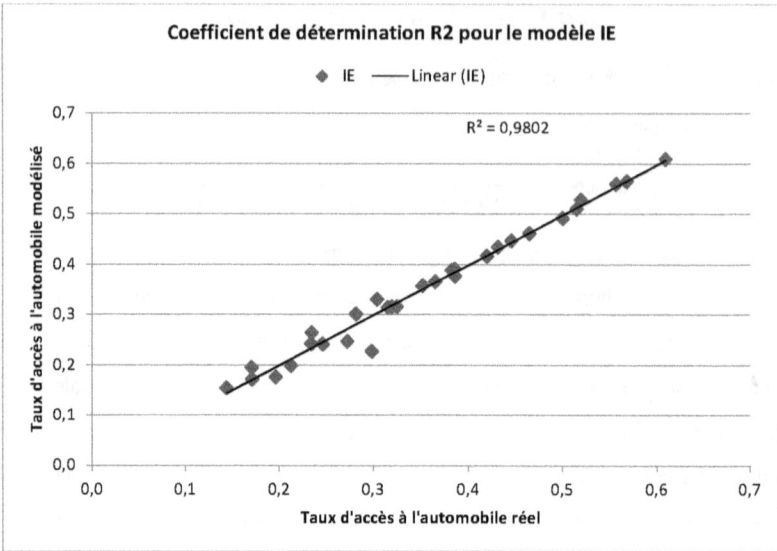

Coefficient de détermination R2 pour le modèle IE

◆ IE ——— Linear (IE)

$R^2 = 0,9802$

Figure 5-3 : Ajustement des données pour le modèle IE

La comparaison des données modélisées avec les données observées démontre que la concordance est presque parfaite (Figure 5-4). En effet, le coefficient de détermination R^2 est très élevé. Cette analyse permet aussi de démontrer la grande difficulté des modèles âge-période-cohorte. En effet, comme énoncé précédemment, l'imposition de contraintes dans le modèle GLM produit des effets bruts d'âge, période et cohortes très différents. Toutefois, cette variation n'a pas d'effet sur la qualité du modèle, car le coefficient de détermination R^2 est similaire pour tous les modèles, même si les tendances estimées sont fausses. Cette problématique est attribuable au fait que dans un modèle âge-période-cohorte, un des effets serait évalué en fonction des deux autres, souvent l'effet cohorte. Il est donc normal que la qualité de l'ajustement des données soit presque parfaite ce qui complexifie grandement l'évaluation de l'exactitude des effets APC estimés.

140

La comparaison des valeurs estimées par le modèle et les valeurs observées par âge et enquête permet de visualiser la distribution des erreurs (Figure 5-5). Cette figure démontre que les erreurs du modèle sont concentrées principalement dans les âges les plus avancés. En effet, avant 85 ans, le modèle tend à reproduire quasi exactement les données observées par l'enquête OD. Une comparaison des données longitudinales de l'enquête OD et des différents modèles permet de mieux comprendre la raison de cette erreur, et de démontrer l'un des problèmes des modèles âge-période-cohorte (voir Figure 5-6 et Figure 5-7). En effet, les cohortes 1902, 1907 et 1917 affichent des tendances qui ne sont pas parallèles, surtout rendues à 90 ans. Le terme parallèle fait référence au fait que les trajectoires des différentes cohortes s'entrecroisent vers 85 et 90 ans (pour plus d'informations sur l'entrecroisement des données, voir Annexe 4). De telles tendances ne peuvent être modélisées correctement par un modèle âge-période-cohorte, car la principale hypothèse est le parallélisme de la trajectoire des différentes cohortes. Le caractère additif et fixe du modèle APC ne permet pas de modéliser un renversement des tendances à l'âge de 90 ans pour seulement quelques cohortes. Les limitations des modèles sont bien visibles dans la Figure 5-7 alors qu'un parallélisme des courbes est modélisé au lieu de l'entrecroisement des données observées. C'est pour cette raison que le taux d'accès à l'automobile supérieur à deux a été exclu de la modélisation APC.

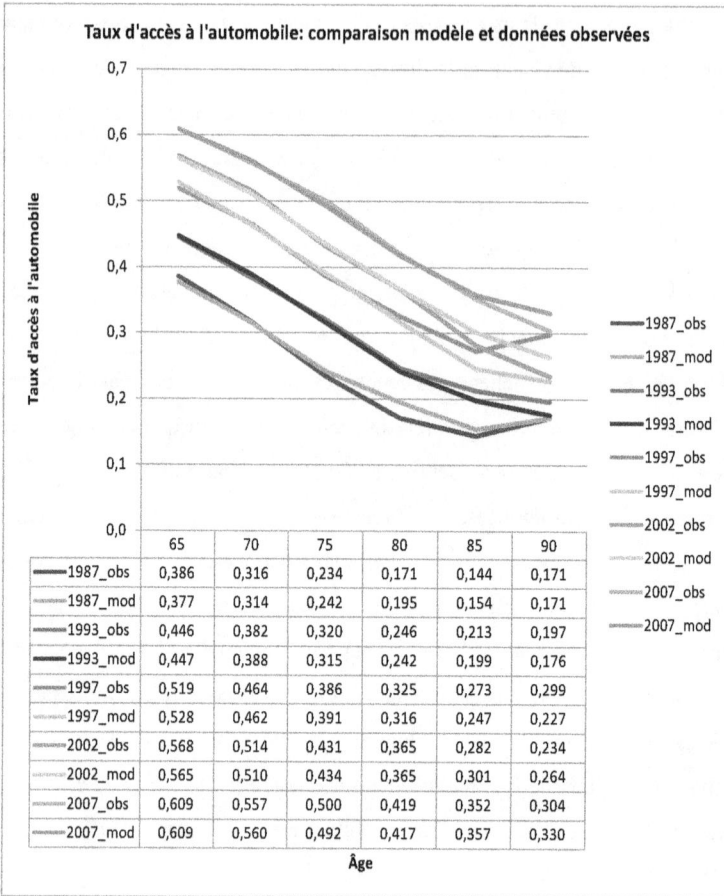

	65	70	75	80	85	90
1987_obs	0,386	0,316	0,234	0,171	0,144	0,171
1987_mod	0,377	0,314	0,242	0,195	0,154	0,171
1993_obs	0,446	0,382	0,320	0,246	0,213	0,197
1993_mod	0,447	0,388	0,315	0,242	0,199	0,176
1997_obs	0,519	0,464	0,386	0,325	0,273	0,299
1997_mod	0,528	0,462	0,391	0,316	0,247	0,227
2002_obs	0,568	0,514	0,431	0,365	0,282	0,234
2002_mod	0,565	0,510	0,434	0,365	0,301	0,264
2007_obs	0,609	0,557	0,500	0,419	0,352	0,304
2007_mod	0,609	0,560	0,492	0,417	0,357	0,330

Figure 5-5 : Comparaison données observées (_obs) et données modélisées (_mod) pour le taux d'accès à l'automobile

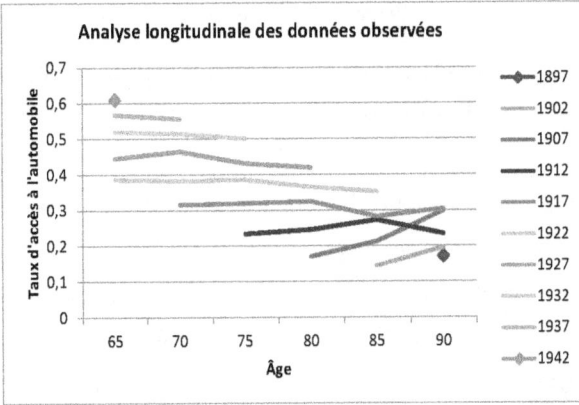

Figure 5-6 : Analyse longitudinale des données observées

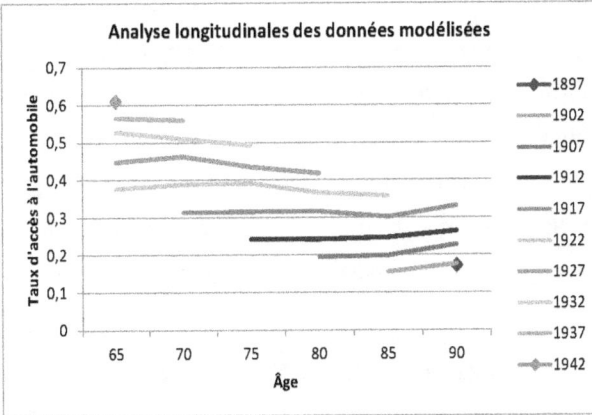

Figure 5-7 : Analyse longitudinale des données modélisées

5.3 Méthode d'agrégation et d'élimination des effets

Comme précisé dans la méthodologie d'identification des effets, il est possible qu'un phénomène ne soit pas influencé par des effets d'âge, de période et de cohortes. Dans ces circonstances, la modélisation doit s'effectuer autrement, en passant aux étapes subséquentes de la méthodologie d'identification des effets. Cette section vise à décrire cette démarche à l'aide de la modélisation de la proportion d'hommes dans la population, l'analyse descriptive (proportion de femmes) n'ayant pas permis d'identifier des effets de période ou de cohortes importants, laissant planer un doute sur leur existence. L'estimation de ce modèle permettra de vérifier si les prochaines cohortes de personnes âgées devraient avoir une proportion d'hommes différente.

Tout d'abord, la première phase de la méthode d'identification des effets est de modéliser le phénomène en tant qu'âge-période-cohorte. Le Tableau 5-8 présente la valeur des différents coefficients. L'estimation a été faite à l'aide du modèle IE selon une distribution binomiale de la variable dépendante et les coefficients estimés sont en forme logit. La base de données utilisée est de forme désagrégée et un poids a été attribué à chaque observation. La Figure 5-8 présente les coefficients logit transformés en effets bruts afin de démontrer les effets d'âge, période etcohorte sur la proportion d'hommes dans la cohorte.

Tout d'abord, les résultats du modèle APC (APC_IE_h) démontrent que la proportion d'hommes dans la population n'est pas imputable à des effets d'âge, de période et de cohortes. En effet, la visualisation des taux bruts confirme cette hypothèse, l'âge était le seul effet ayant un impact important. L'effet période ne démontre pas de tendance importante alors qu'on observe une augmentation pour 1993 et 1998 et une diminution pour les années subséquentes. Toutefois, pour les

144

effets cohortes, les cohortes plus récentes (nées après 1932) semblent avoir un effet important. L'analyse de la significativité des coefficients démontre que la majorité des effets périodes et cohortes ne sont pas significatifs, à l'exception des cohortes postérieures à 1927. En somme, il est évident que la proportion d'hommes dans la population n'est pas influencée par des effets APC.

Par conséquent, comme précisé dans la méthodologie, lorsqu'un phénomène n'est pas influencé par des effets d'âge, période et de cohortes, il convient de procéder à la méthode d'élimination ou d'agrégation des effets. Le terme élimination consiste à délaisser des effets APC de la modélisation tandis que l'agrégation revient à agréger certains âges, périodes ou cohortes dont les effets seraient considérés équivalents. Cette étape est très importante dans la modélisation alors qu'il est très facile d'obtenir un modèle significatif sans toutefois que celui-ci représente la réalité. Par conséquent, le fondement des méthodes d'agrégation et d'élimination des effets est basé sur des hypothèses prises par le modélisateur selon sa connaissance du phénomène et sa capacité à bien décortiquer les analyses longitudinales et transversales. Trois critères déterminent la direction à prendre pour la deuxième étape: les résultats de la modélisation IE, l'analyse descriptive et la significativité des coefficients estimés. La modélisation IE permet de bien reconstruire le phénomène et l'analyse des effets bruts APC, ainsi que la significativité des différents coefficients, permettra d'établir des hypothèses sur les effets qui apparaissent plus importants. L'analyse des données transversales et longitudinales permet de valider les effets bruts d'APC estimés par le modèle IE et d'émettre des hypothèses sur les effets à éliminer ou à agréger. Cependant, l'analyse descriptive a certaines limites, la différenciation des effets de cohortes des effets de périodes demeure très difficile. Finalement, l'analyse de la significativité des variables permettra de valider l'impact de l'agrégation ou l'élimination des effets, malgré que ce critère puisse poser plusieurs problèmes.

Dans le cas de la proportion d'hommes, la modélisation IE et l'analyse descriptive ont démontré que l'âge avait un effet clair, tandis que l'ampleur des effets périodes et cohortes est moins certaine. Par conséquent, dans ces conditions, il apparait inutile de tenter d'agréger différentes périodes ou différentes cohortes étant donné que ces deux effets ne sont pas significatifs. En effet, la première étape d'agrégation des effets serait pertinente seulement si un des effets APC était non-significatif. Toutefois, pour des fins de démonstration, une modélisation APC_agrégée a été effectuée pour les cohortes de 1927 et moins et les résultats ne sont pas meilleurs que le modèle IE (Tableau 5-9). Ce modèle a été estimé à l'aide de la méthodologie du modèle GLM, à l'exception qu'il n'est plus nécessaire d'imposer une contrainte d'équivalence des effets. Comme présentée dans les sections précédentes, la performance des différents modèles estimés ne permet pas de choisir quelle méthode (élimination ou agrégation) est préférable. Toutefois, il est certain qu'éliminer ou agréger des effets va diminuer la qualité de l'ajustement des données et affecter négativement le coefficient de détermination R2.

La prochaine étape est de modéliser en tant que modèle âge-cohorte et âge-période. Le Tableau 5-9 présente les résultats pour les deux modèles. L'analyse de la significativité des coefficients démontre que, dans le modèle AP, la période de 1992 n'est pas significative tandis que dans le modèle AC, la totalité des effets cohortes est non-significative. La non-significativité des effets cohortes n'est pas surprenante dans la mesure où, selon le modèle IE, seulement quelques cohortes auraient un effet. Toutefois, à première vue, selon la significativité des coefficients, la modélisation AP parait préférable au modèle AC. Or, à cette étape, une hypothèse doit être posée sur la réalité des effets et sur les véritables moteurs du changement : *cohort analysis should never be a mechanical exercise uninformed by theory and by evidence from outside the cohort table* (Glenn, 2005). L'analyse descriptive démontre que l'augmentation de la proportion dans la population concerne uniquement les 80 ans et moins en 2008 ou plutôt les cohortes postérieures à 1917. Par conséquent, les cohortes antérieures à 1917 ont le même comportement (des effets APC similaires) étant donné qu'aucune variation claire de cet indicateur n'a été observée. Comme dit précédemment, étant donné que la modélisation APC n'est pas applicable pour la proportion d'hommes dans la population, un choix doit être fait entre un modèle AP ou AC. Toutefois, ces modèles entraînent une interprétation différente de la variabilité de la proportion d'hommes qui, dans le cas du modèle AP, mène à des conclusions aberrantes. En effet, les effets périodes varient à chaque enquête (et donc à chaque âge et cohorte) tandis que les effets cohortes sont fixes peu importe la période et l'âge et l'âge. Par conséquent, expliquer la variation de la proportion d'hommes dans la population par des effets période suppose, qu'à chaque année, une augmentation ou une diminution de cet indicateur est possible. En somme, la proportion d'hommes dans la population pourrait augmenter en 1987, diminuer en 1993 et augmenter encore une fois en 1998. Toutefois, la composition démographique étant théoriquement stable (il ne devrait pas apparaitre d'hommes à certaines périodes), la modélisation avec des effets cohortes semble plus logique. En effet, un modèle AC suppose que les cohortes plus récentes de personnes âgées ont une composition démographique plus égale entre les deux sexes, conséquence peut-être d'une amélioration de l'espérance et de la qualité de vie des hommes.

La modélisation AC_agrégée apparait donc comme une alternative préférable au modèle AP. Étant donné que l'analyse descriptive n'a pas démontré d'effets

cohortes importants pour les cohortes les plus âgées et que le modèle IE a
déterminé que les effets des cohortes subséquentes à 1927 étaient significatifs, une
agrégation des effets cohortes sera effectuée. L'analyse des effets bruts du modèle
IE permet de conclure que les cohortes antérieures à 1922 auraient le même effet.
Par conséquent, un regroupement des cohortes de 1897 à 1917 a été effectué.
Toutefois, le modèle ayant déterminé que la cohorte de 1922 n'était pas
significative, un nouveau regroupement constitué des cohortes de 1897 à 1922 a été
testé. Finalement, c'est ce modèle qui sera déterminé comme final et les résultats
sont présentés dans le Tableau 5-10. La Figure 5-9 présente les effets bruts des
effets d'âge et de cohorte où l'on peut remarquer une légère augmentation de la
proportion d'hommes pour les cohortes les plus récentes.

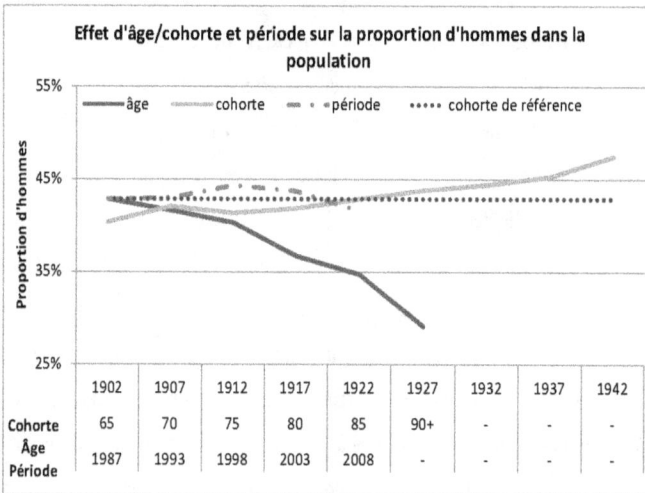

	1902	1907	1912	1917	1922	1927	1932	1937	1942
Cohorte	65	70	75	80	85	90+	-	-	-
Âge									
Période	1987	1993	1998	2003	2008	-	-	-	-

Figure 5-8 : Effets bruts de l'âge/cohorte/période selon le modèle IE

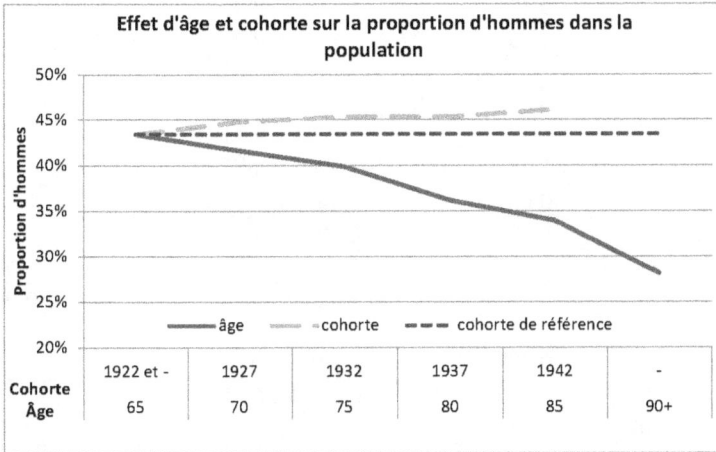

Figure 5-9 : Effets bruts de l'âge/cohorte/période selon le modèle AC_agr

Tableau 5-8 : Identification effets APC estimés par IE pour la proportion d'hommes (1ère étape)

Nom	IE_h					
Données	Désagrégées					
Nb d'obs	76344					
Degrés lib	76326					
Déviance	34.14					
Distribution	binomiale					
Lien	logit					
Par.d'échelle	1					
Pondération	poids					
Var.dep	hommes					
variables explicatives	Coefficient	Std erreur	Z	p>z	95% int.confiance	
age_65	0.227	0.027	8.270	0.000	0.173	0.280
age_70	0.176	0.021	8.560	0.000	0.136	0.216

149

age_75	0.121	0.021	5.890	0.000	0.081	0.162
age_80	-0.030	0.026	-1.150	0.252	-0.081	0.021
age_85	-0.117	0.037	-3.140	0.002	-0.190	-0.044
age_90	-0.377	0.052	-7.300	0.000	-0.478	-0.276
periode_1987	-0.009	0.025	-0.360	0.717	-0.058	0.040
periode_1992	-0.004	0.021	-0.200	0.841	-0.045	0.037
periode_1997	0.050	0.017	3.040	0.002	0.018	0.083
periode_2002	0.025	0.019	1.310	0.190	-0.013	0.063
periode_2007	-0.063	0.026	-2.370	0.018	-0.115	-0.011
cohorte_1897	-0.005	0.127	-0.040	0.972	-0.253	0.244
cohorte_1902	-0.119	0.085	-1.400	0.161	-0.284	0.047
cohorte_1907	-0.048	0.062	-0.780	0.435	-0.169	0.073
cohorte_1912	-0.078	0.048	-1.640	0.101	-0.172	0.015
cohorte_1917	-0.057	0.035	-1.630	0.103	-0.125	0.011
cohorte_1922	-0.015	0.024	-0.630	0.526	-0.063	0.032
cohorte_1927	0.023	0.019	1.190	0.236	-0.015	0.061
cohorte_1932	0.047	0.018	2.550	0.011	0.011	0.082
cohorte_1937	0.081	0.024	3.330	0.001	0.034	0.129
cohorte_1942	0.171	0.040	4.250	0.000	0.092	0.249
constante	-0.489	0.021	-22.810	0.000	-0.532	-0.447

Tableau 5-9 : Comparaison effets APC estimés par GLM pour la proportion d'hommes (2e étape)

Modèle	APC-agr	AP	AC
Données	Désagrégées	Désagrégées	Désagrégées
Nb d'obs	76344	76344	76344
Degrés lib	76326	76326	76326
Déviance	34.14	34.14	34.14
Distribution	binomiale	binomiale	binomiale
Par. d'échelle	1	1	1

Lien	logit		logit		logit	
Var.dep	hommes		hommes		hommes	
Fac.d'exp	poids		poids		poids	
var.ind	coeff	p>z	coeff	p>z	coeff	p>z
age_65	ref	ref	ref	ref	ref	ref
age_70	-0.082	0.000	-0.096	0.000	-0.070	0.001
age_75	-0.166	0.000	-0.184	0.000	-0.137	0.000
age_80	-0.339	0.000	-0.359	0.000	-0.294	0.000
age_85	-0.456	0.000	-0.476	0.000	-0.384	0.000
age_90	-0.729	0.000	-0.749	0.000	-0.648	0.000
periode_1987	ref	ref	ref	ref	ref	ref
periode_1992	0.034	0.192	0.034	0.190		
periode_1997	0.117	0.000	0.119	0.000		
periode_2002	0.120	0.000	0.125	0.000		
periode_2007	0.061	0.113	0.086	0.000		
cohorte_1897					ref	ref
cohorte_1902					-0.116	0.569
cohorte_1907					-0.040	0.835
cohorte_1912					-0.070	0.713
cohorte_1917					-0.055	0.769
cohorte_1922					-0.023	0.905
cohorte_1927	ref	ref			0.018	0.926
cohorte_1932	0.003	0.908			0.042	0.823
cohorte_1937	0.009	0.812			0.043	0.820
cohorte_1942	0.068	0.175			0.077	0.687

constante	0.284	0.000	0.274	0.000	0.232	-0.220

Tableau 5-10 : Identification effets AC estimés par GLM pour la proportion d'hommes (3e étape)

Nom	AC_agr					
Données	Désagrégées					
Nb d'obs	76344					
Degrés lib	76326					
Déviance	34.14					
Distribution	binomiale					
Lien	logit					
Par. d'échelle	1					
Pondération	poids					
Var.dep	hommes					
variables explicatives	Coefficient	Std erreur	Z	p>z	95% int.confiance	
a65	ref	ref	ref	ref	ref	ref
a70	-0.073	0.021	-3.540	0.000	-0.114	-0.033
a75	-0.146	0.024	-6.050	0.000	-0.193	-0.099
a80	-0.304	0.029	-10.450	0.000	-0.360	-0.247
a85	-0.401	0.042	-9.500	0.000	-0.484	-0.319
a90	-0.673	0.064	-10.500	0.000	-0.798	-0.547
cohort1922	ref	ref	ref	ref	ref	ref
c1927	0.055	0.022	2.510	0.012	0.012	0.099
c1932	0.079	0.023	3.410	0.001	0.034	0.125
c1937	0.078	0.027	2.940	0.003	0.026	0.130
c1942	0.111	0.032	3.440	0.001	0.047	0.174
_cons	-0.265	0.020	-13.460	0.000	-0.304	-0.227

5.4 Intégration de différentes variables explicatives

La section précédente a permis de comprendre comment la variabilité des comportements est expliquée par les effets d'âge, de période et de cohortes. Toutefois, la modification des comportements entre et à l'intérieur des cohortes peut aussi être attribuable à un changement dans les propriétés des cohortes. En effet, dans la section précédente, les caractéristiques de la cohorte n'ont pas été analysées et tous les changements observés ont été attribués à des effets d'âge, de période et de cohorte. Toutefois, par exemple, une augmentation entre 1987 et 2008 du taux d'accès à l'automobile pourrait être attribuable à un changement majeur les propriétés des cohortes. En effet, si, en 1987, l'analyse de la localisation résidentielle d'une cohorte démontre que ses membres sont répartis de façon égale sur le territoire de la GRM et que, vingt ans plus tard, la majorité habite en périphérie, une analyse de l'impact de ces changements sur les comportements est nécessaire. En effet, si la distance au centre-ville a un impact sur le taux d'accès à l'automobile, l'augmentation observée entre 1987 et 2008 pourrait être attribuable aux changements dans la localisation résidentielle de la cohorte, tandis les effets d'âge, de période et de cohorte seraient nuls.

En somme, il est très important dans une analyse démographique de tenter de contrôler au maximum la variabilité des comportements qui ne seraient pas attribuables à des effets APC, mais bien à une variation des propriétés de la cohorte. Cette section vise à explorer les effets de différentes variables sur le taux d'accès à l'automobile ainsi qu'à vérifier l'impact de l'intégration de ces variables explicatives sur la modélisation APC. Suite à l'analyse descriptive, quatre variables ont été retenues comme pouvant affecter le taux d'accès à l'automobile :

1. L'arrivée plus tardive à la retraite des personnes âgées (statut)

153

2. L'augmentation de la proportion de femmes pour les âges plus avancés (sexe)

3. L'augmentation du nombre de personnes seules pour les différentes cohortes (personnes seules)

4. Le lieu de résidence (distance au centre-ville)

L'identification de l'effet de chaque variable explicative sur le taux d'accès à l'automobile sera effectuée à l'aide d'une analyse des résidus du modèle estimé. Un exemple de ce type d'analyse est présenté dans le Tableau 5-11. Le but est d'observer les différences (diff) entre les données observées par l'enquête OD (obs) et les données prédites par le modèle (mod) selon une variable quelconque (dist-cv, qui correspond à la distance au centre-ville). Une différence négative signifie que le modèle surévalue la variable étudiée et une différence positive signifie que le modèle sous-évalue. Par exemple, l'analyse des résidus présentée dans le Tableau 5-11 semble conclure que les personnes résidant à proximité du centre-ville ont un taux d'accès à l'automobile qui est inférieur à ce qui est estimé par le modèle.

Toutefois, la présence d'erreurs dans le modèle ne doit pas mener directement à la conclusion qu'il ne représente pas correctement la réalité et que la variable explicative devrait être nécessairement intégrée. En effet, théoriquement, dans un modèle, il est normal d'y retrouver des erreurs. L'analyse graphique des résidus permet de détecter si ces erreurs sont distribuées aléatoirement ou si une tendance, selon la variable explicative étudiée, est observable. Par exemple, si l'analyse des résidus démontre que plus les gens résident à proximité du centre-ville, moins ils sont motorisés, intégrer cette variable au modèle serait préférable. L'ajout d'une courbe de tendance linéaire permettra de valider l'effet de la variable étudiée. Les conséquences de l'intégration de cette variable seront évaluées en comparant les

154

effets APC estimés selon les deux modèles. L'interprétation de l'analyse des résidus se fera graphiquement, la variable explicative étudiée (distcv) se retrouvant en axe des x et les différences (diff) en axe des y.

En plus d'estimer l'effet sur le phénomène étudié, l'analyse des résidus permet aussi de valider si cette variable explicative a un effet fixe. En effet, si la distance au centre-ville a un effet positif pour les 65 ans et négatif pour les 90 ans, l'intégration de cette variable pourrait poser problème à l'identification des effets APC. Par conséquent, une analyse des courbes de tendance par âge, période et cohorte sera effectuée. Toutefois, étant donné le nombre important d'observations (plus de 75 000) et les difficultés techniques qui découlent du traitement de toutes ces observations, si les tendances sont similaires entre les différents APC, seulement les résidus de 1987 et 2008 seront démontrés graphiquement. De plus, afin faciliter la visualisation des courbes de tendance, seulement les différences comprises entre -1 et 1 seront présentées.

Tableau 5-11 : Exemple de base de données pour l'analyse des résidus

Nopers	Dist-cv	Periode	Age	Cohorte	obs	mod	Diff
1	0.98	1987	65	1922	0.328	0.375	-0.0467
2	11.81	1987	65	1922	0.442	0.375	0.0668
3	12.78	1987	65	1922	0.523	0.375	0.1487
4	5.55	1987	70	1917	0.269	0.316	-0.0462
5	33.33	1987	70	1917	0.359	0.316	0.0437
6	25.12	1987	70	1917	0.455	0.316	0.1392
7	6.73	1987	75	1912	0.198	0.244	-0.0461
8	3.41	1987	75	1912	0.259	0.244	0.0150

| 9 | 2.11 | 1987 | 75 | 1912 | 0.364 | 0.244 | 0.1204 |

En plus de l'analyse des résidus, l'analyse des différents critères d'information du modèle permet d'évaluer l'impact de l'intégration d'une variable explicative sur la performance du modèle. McCullagh & Nelder (1989) proposent d'utiliser la déviance comme moyen d'évaluer la qualité de l'ajustement des données dans un modèle linéaire généralisé. Cette méthode consiste à évaluer la qualité des coefficients estimés en comparant le modèle estimé à un modèle saturé. Un modèle saturé est un modèle théorique qui utilise autant de paramètres que de regroupements (un coefficient d'âge/période/cohorte pour chaque regroupement donc un total de 150 coefficients pour l'exemple ci-dessus). La déviance peut servir à comparer différents modèles, à valider l'intérêt d'ajouter des variables explicatives ou l'exclusion/inclusion de diverses données dans la base de données utilisées. Une valeur de déviance plus faible signifie que le modèle est meilleur.

L'équation de la déviance brute (Db) s'écrit comme suit :

$$Db = -2\ln(\frac{Lm}{Lf})$$

Où : Lm= la vraisemblance du modèle estimé

Lf= la vraisemblance du modèle parfait

Toutefois, la déviance brute dépendant du nombre de regroupements, il convient de calculer la déviance en fonction du nombre de degrés de liberté selon cette formule :

$$\left(\frac{1}{df}\right) * Db$$

5.4.1 Analyse graphique des résidus

L'analyse descriptive de la proportion de déplacements à motif travail permet de conclure que les plus cohortes plus récentes effectuent plus de ce type de déplacements et jusqu'à des âges plus avancés. Cette arrivée à la retraite plus tardive pourrait avoir des conséquences sur les comportements. En effet, habituellement, le changement de statut de travailleur à retraité entraîne une modification des comportements alors que les conditions contraignantes des déplacements (heure de déplacement, localisation, etc) sont éliminées. Par conséquent, un changement dans ces caractéristiques des cohortes nécessite une évaluation de l'impact sur les effets APC. La Figure 5-11 présente les résidus du taux d'accès à l'automobile par statut déclaré. Le statut déclaré correspond à l'occupation principale de la personne (voir Tableau 5-12 pour définition des statuts). Seulement les données des enquêtes 2003 et 2008 ont été utilisées, le statut déclaré n'étant pas disponible pour les enquêtes précédentes. L'analyse des résidus permet de démontrer une légère tendance à la baisse démontrant que les travailleurs ont des taux d'accès à l'automobile plus élevés que les retraités et les personnes demeurant à la maison. Par conséquent, une dérivation des statuts a été appliquée à toutes les enquêtes (voir Annexe 7 pour méthodologie) dans le but de différencier les travailleurs des non-travailleurs. L'analyse des résidus entre travailleurs (statut dérivé 1) et non-travailleurs (statut dérivé 2) est présentée dans la Figure 5-12. Les courbes de tendance par âge, période et cohorte démontrent qu'il y a une différence claire entre les deux groupes. De plus, comparativement à l'analyse des résidus par statut déclaré, les courbes de tendance pour l'âge, période et cohorte sont similaires. En somme, l'intégration de cette variable explicative est souhaitable. L'annexe 8 présente l'impact de l'intégration de cette variable explicative sur les effets bruts d'APC.

157

Tableau 5-12 : Définition de statut déclaré

Code	Statut
1	Travailleur à temps complet
2	Travailleur à temps partiel
3	Étudiant/élève
4	Retraité
5	Autre
6	N/A: enfant de 4 ans et moins
7	À la maison

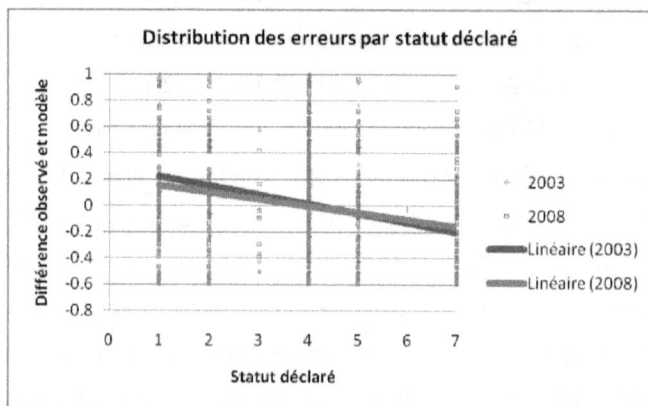

Figure 5-10 : Distribution des erreurs par statut déclaré

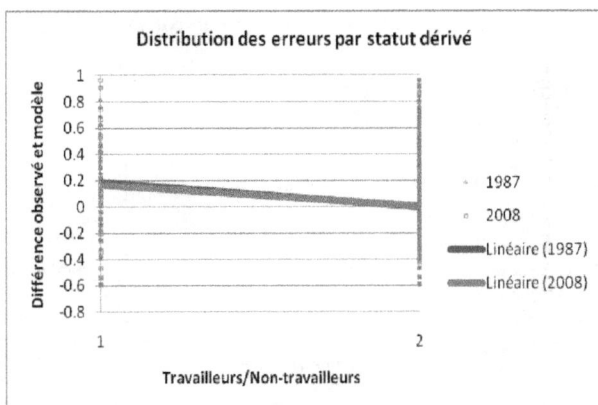

Figure 5-11 : Distribution des erreurs par statut dérivé (travailleurs et non-travailleurs)

En deuxième lieu, le vieillissement d'une cohorte tend à augmenter la proportion de femmes. Toutefois, les cohortes les plus récentes ont une proportion d'hommes qui est plus élevée que les anciennes cohortes justifiant ainsi l'analyse de l'effet du sexe sur les comportements. La Figure 5-13 présente l'analyse graphique des résidus pour le taux d'accès à l'automobile selon le sexe. L'analyse de cette figure permet de déceler un taux d'accès à l'automobile légèrement supérieur chez les hommes. De plus, les courbes de tendance sont similaires pour les différents âges, périodes et cohortes. Par conséquent, l'intégration de la variable sexe dans la modélisation du taux d'accès à l'automobile semble importante. L'annexe 9 présente l'impact de l'intégration de cette variable explicative sur les effets bruts d'APC.

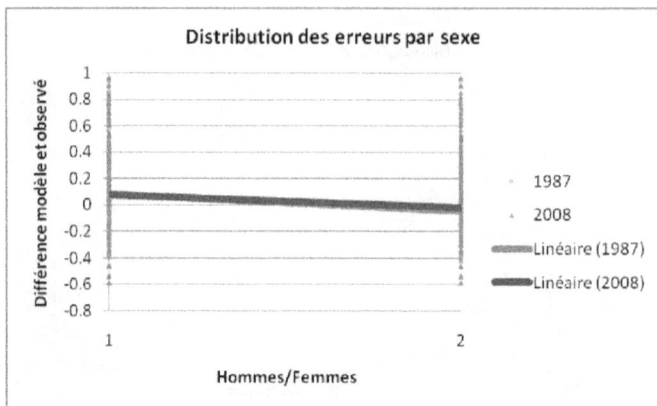

Figure 5-12 : Résidus par sexe pour le taux d'accès à l'automobile

Troisièmement, l'âge tend à augmenter la proportion de personnes seules dans la cohorte, laissant présager un changement des comportements qui seraient attribuables à la diminution du nombre de personnes par ménage. La Figure 5-14 présente la distribution des erreurs du taux d'accès à l'automobile selon le nombre de personnes par logis. Étant donné que le but est de vérifier l'effet de l'augmentation de personnes vivant seules, trois catégories ont été créées : personnes seules, personnes vivant dans un ménage à deux personnes et personnes vivant dans un ménage à plus de trois personnes. L'analyse graphique des résidus démontre que les personnes résidant seules ont un taux d'accès à l'automobile qui est légèrement inférieur, surtout pour l'enquête de 1987. En effet, depuis, les différences entre les deux groupes s'atténuent comme le démontre la courbe de tendance de 2008. Toutefois, l'analyse de ces résidus pourrait être influencée par le fait que cet indicateur est calculé en fonction du nombre de personnes par ménage, amenant ainsi une hétéroscédasticité des erreurs. L'annexe 10 présente l'impact de l'intégration de cette variable explicative sur les effets bruts d'APC. La variable explicative de ménages de trois personnes et plus ayant été identifiée comme non-significative, seulement la variable personnes seules sera intégrée dans le modèle final.

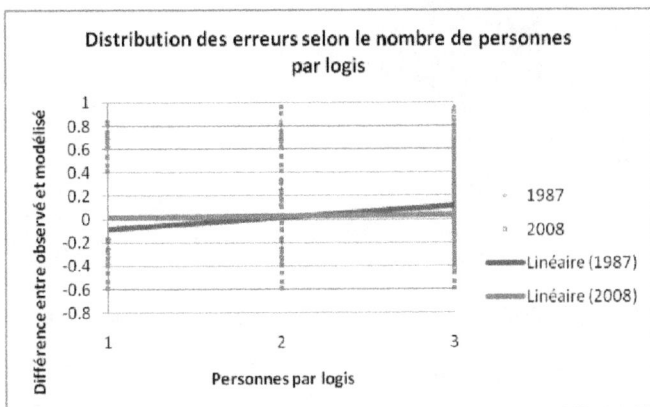

Figure 5-13 : Distribution des erreurs selon le nombre de personnes par logis pour le taux d'accès à l'automobile

Finalement, la distance au centre-ville a largement augmenté pour toutes les cohortes. La Figure 5-15 présente la distribution des erreurs pour cette variable. L'analyse graphique permet de conclure que plus la distance au centre-ville augmente, plus le taux d'accès à l'automobile est sous-évalué par le modèle. Les courbes de tendance d'âge, période et cohorte sont similaires entre les âges, périodes et cohortes. L'Annexe 11 présente l'impact de l'intégration de cette variable explicative sur les effets bruts d'APC.

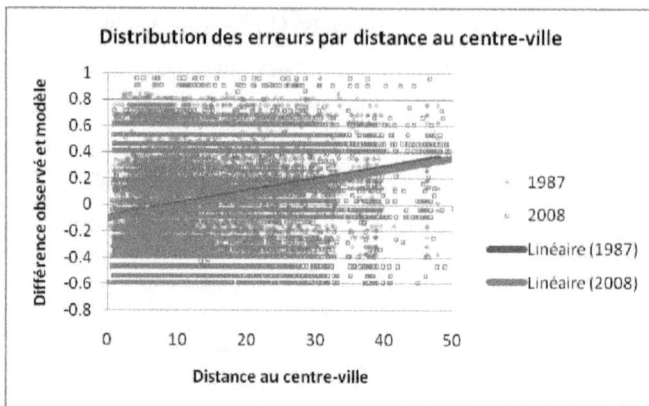

Figure 5-14 : Distribution des erreurs selon la distance au centre-ville pour le taux d'accès à l'automobile

Le Tableau 5-13 présente les résultats de l'estimation du modèle à la suite de l'intégration des diverses variables explicatives. La Figure 5-16 présente la comparaison entre les effets bruts d'APC avant l'intégration des variables explicatives (motor en foncé) et après (motorc en pâle). Le modèle avec intégration de variables explicatives se nomme âge-période-cohorte-caractéristiques (APCC). L'ajout de ces variables, en concordance avec ce qui était prévu, a légèrement diminué l'ampleur des effets bruts d'APC. Toutefois, alors que cette diminution concerne tous les effets d'âge et de période, la modification des effets cohortes est visible à partir de la cohorte de 1927. L'analyse de la déviance pour le modèle Motorc (9.71 contre 10.34 pour le modèle motor) démontre que l'intégration de ces diverses variables explicatives a eu un impact positif sur la performance du modèle.

En somme, l'intégration des différentes variables explicatives est importante, car permettant ainsi d'identifier les effets réels de l'âge, période et cohorte. La démonstration de cet effet sur le taux d'accès à l'automobile permet de comprendre l'ampleur de ces déformations. Toutefois, ces modifications peuvent être beaucoup plus importantes. En effet, pour la part modale du transport en commun, un renversement des effets d'âge (de positif vers négatif) a été observé suite à l'ajout de diverses variables explicatives (voir annexe 11).

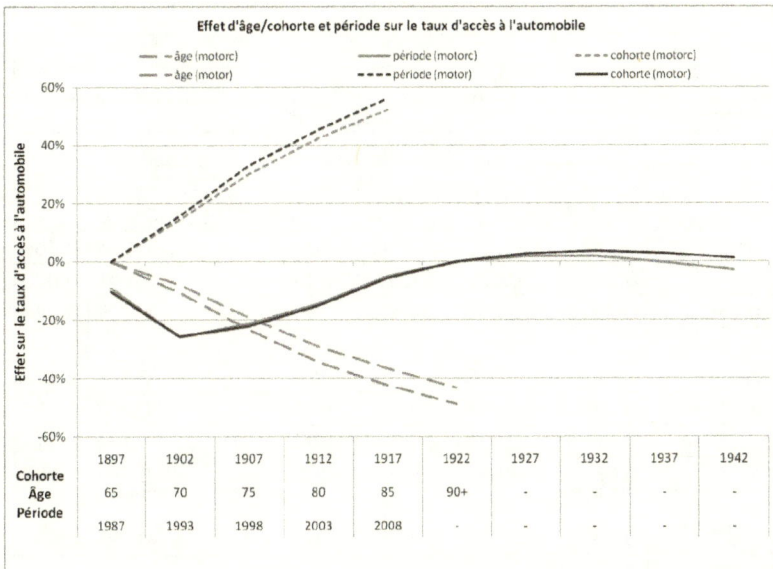

Figure 5-15 : Effets bruts APC sur le taux d'accès à l'automobile

Tableau 5-13 : Identification effets APCC estimés par IE pour le taux d'accès à l'automobile

Nom	IE_Motor					
Données	Désagrégées					
Nb d'obs	76219					
Degrés lib	76197					
1/df Déviance	9.71					
Lien	log					
Distribution	Poisson					
Pondération	poids					
Var.dep	accès auto					
Filtre	Exclus: accès auto>2					
Var.exp	Coeff	Std erreur	Z	p>z	95% int.confiance	
travailleur	0.288	0.010	27.740	0.000	0.268	0.309
distcv	0.019	0.000	57.030	0.000	0.018	0.020
hommes	0.231	0.007	34.300	0.000	0.217	0.244
pers1	- 0.127	0.010	-12.800	0.000	-0.146	- 0.107
age_65	0.278	0.015	17.970	0.000	0.247	0.308
age_70	0.196	0.011	17.830	0.000	0.174	0.217
age_75	0.065	0.011	5.910	0.000	0.043	0.087
age_80	- 0.067	0.016	-4.290	0.000	-0.098	- 0.036
age_85	- 0.180	0.024	-7.500	0.000	-0.227	- 0.133
age_90	- 0.291	0.034	-8.620	0.000	-0.358	- 0.225
period_1987	- 0.234	0.015	-16.120	0.000	-0.262	- 0.206
period_1992	- 0.099	0.011	-9.370	0.000	-0.119	- 0.078
period_1997	0.029	0.007	3.970	0.000	0.014	0.043

period_2002	0.119	0.010	12.430	0.000		0.100	0.138
period_2007	0.185	0.015	12.390	0.000		0.156	0.214
cohort_1897	-0.011	0.076	-0.150	0.883		-0.160	0.138
cohort_1902	-0.214	0.055	-3.900	0.000		-0.322	-0.107
cohort_1907	-0.155	0.040	-3.840	0.000		-0.234	-0.076
cohort_1912	-0.072	0.030	-2.400	0.017		-0.131	-0.013
cohort_1917	0.031	0.020	1.530	0.125		-0.009	0.071
cohort_1922	0.084	0.013	6.260	0.000		0.057	0.110
cohort_1927	0.101	0.009	11.180	0.000		0.084	0.119
cohort_1932	0.101	0.008	12.960	0.000		0.086	0.117
cohort_1937	0.081	0.012	6.670	0.000		0.057	0.105
cohort_1942	0.053	0.020	2.680	0.007		0.014	0.092
_cons	-1.442	0.014	-101.080	0.000		-1.470	-1.414

CHAPITRE 6   PROJECTION DE LA MOBILITÉ

Après avoir présenté la méthode d'identification des effets dans le chapitre 5, ce chapitre démontre l'utilité et l'intérêt des modèles âge-période-cohorte dans la compréhension des comportements de la population. Ce chapitre est divisé en trois sections. La première présente la méthodologie de projection appliquée au taux d'accès à l'automobile. La deuxième section présente les résultats des projections pour la non-motorisation et la part modale du transport en commun. Finalement, la dernière section présente un aperçu des intérêts de cette approche en testant divers scénarios pour évaluer leurs impacts.

6.1 Méthodologie de projection

L'identification des effets APC a deux buts : expliquer la variabilité des comportements (tendances) et effectuer des prévisions de mobilité. Cette section présente la méthodologie de projection de la mobilité à l'aide d'un modèle APCC. Trois étapes sont nécessaires : identification des effets APC(C si nécessaire), projection des variables explicatives et finalement projection du phénomène étudié.

6.1.1 Identification des effets APCC

La projection de la mobilité sera effectuée pour le taux d'accès à l'automobile selon les coefficients estimés par le modèle APCC (Tableau 5-13). La grande majorité des effets estimés sont considérés comme significatifs à l'exception des cohortes de 1897 et 1917. Toutefois, ces cohortes n'étant pas utilisées dans la projection, il n'apparait pas nécessaire de les agréger avec d'autres cohortes afin que leur effet soit significatif. En effet, une agrégation avec un modèle GLM réduirait la qualité et justesse du modèle, comme expliqué précédemment.

166

La Figure 6-1 présente les effets bruts des effets d'âge, de période et de cohortes pour le taux d'accès à l'automobile. L'âge a un effet négatif très important faisant passer de 0.35 à 0.20 le taux d'accès à l'automobile entre 65 et 90 ans. Les effets cohortes démontrent une augmentation pour les cohortes entre 1902 et 1922 qui s'atténue par la suite, les cohortes subséquentes ayant des comportements similaires. La Figure 6-2 présente les effets bruts pour les différentes variables explicatives intégrées au modèle. À l'exception de la proportion de personnes, toutes les variables explicatives ont un impact positif sur le taux d'accès à l'automobile. La distance au centre-ville (distance moyenne au centre-ville de la cohorte) est la variable dont l'ampleur est la plus forte.

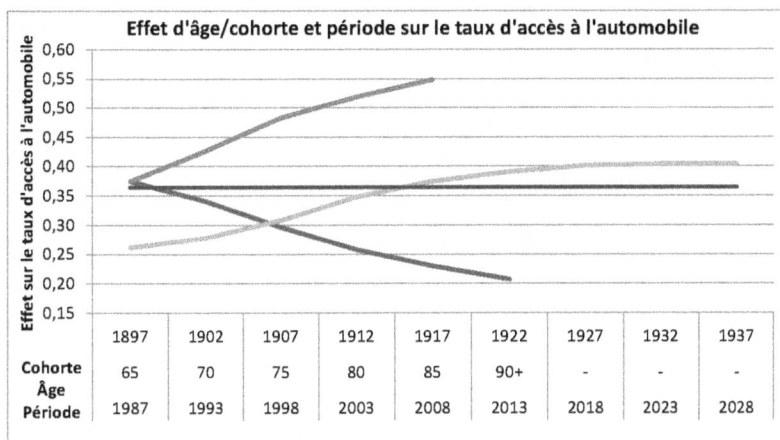

Figure 6-1 : Effets bruts de l'âge, cohorte et de la période sur le taux d'accès à l'automobile

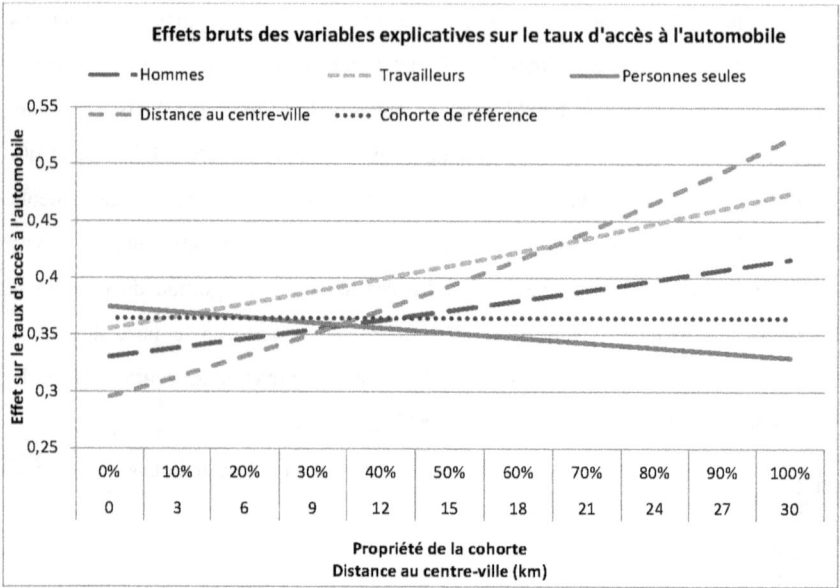

Figure 6-2 : Effets bruts des variables explicatives sur le taux d'accès à l'automobile

6.1.2 Projection des variables explicatives

La deuxième étape de la méthode de projection de la mobilité consiste à projeter les différentes variables explicatives du modèle. Par conséquent, une projection de la distance au centre-ville ainsi que de la proportion d'hommes, de personnes seules et de travailleurs sera effectuée. Ces projections permettront d'obtenir des résultats plus intéressants. Le Tableau 6-1 présente les cohortes (en italique) dont le comportement sera prédit.

Tableau 6-1 : Projection des différentes cohortes

Âge/Période	1987	1993	1998	2003	2008	2013	2018	2023	2028
65	1922	1927	1932	1937	1942				
70	1917	1922	1927	1932	1937	*1942*			
75	1912	1917	1922	1927	1932	*1937*	*1942*		
80	1907	1912	1917	1922	1927	*1932*	*1937*	*1942*	
85	1902	1907	1912	1917	1922	*1927*	*1932*	*1937*	*1942*
90	1897	1902	1907	1912	1917	*1922*	*1927*	*1932*	*1937*

6.1.2.1 Projection de la proportion de personnes seules

L'analyse descriptive de la proportion de personnes seules a permis d'établir l'hypothèse que les effets d'âge sont importants jusqu'à 90 ans, où une certaine stabilisation est observée par la suite. Étant donné l'absence d'effets périodes, un modèle AC a été estimé (Tableau 6-2). Toutes les variables de ce modèle GLM_agr sont significatives à 0.05. La Figure 6-4 présente les effets bruts d'âge et de cohortes. Comme vu dans l'analyse descriptive, l'âge est la variable ayant le plus d'impact sur cet indicateur. Une augmentation constante est observée depuis l'âge de 65 ans, tendant à augmenter légèrement après 70 ans. De plus, les différences observées entre 1987 et 2008 sont attribuables à des effets cohortes. En effet, une croissance des différences entre les cohortes est observable dont l'ampleur tend à s'accroître pour les cohortes les plus récentes. Dans le cas d'un modèle AC, la projection de la proportion de personnes seules dans la population s'effectue assez facilement. En effet, un nouvel effet d'âge (par exemple, 65 ans en 2008, 70 ans en 2013, etc) est additionné à chaque effet cohorte à mesure que les cohortes vieillissent. La Figure 6-5 présente les résultats de la projection ainsi que les courbes de 1987 à 2008 en utilisant les données modélisées pour toutes les enquêtes. La proportion de personnes seules devrait continuer d'augmenter pour s'établir à près de 70% des 85 ans en 2028.

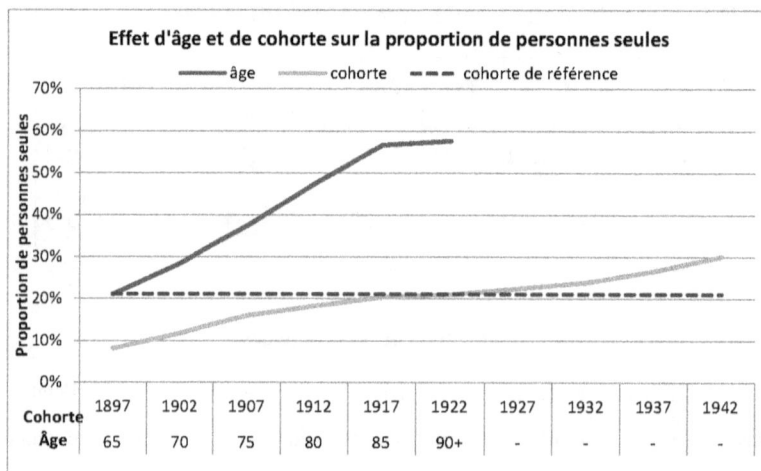

Figure 6-3 : Effets bruts de l'âge, cohorte et de la période sur la proportion de personnes seules dans la cohorte

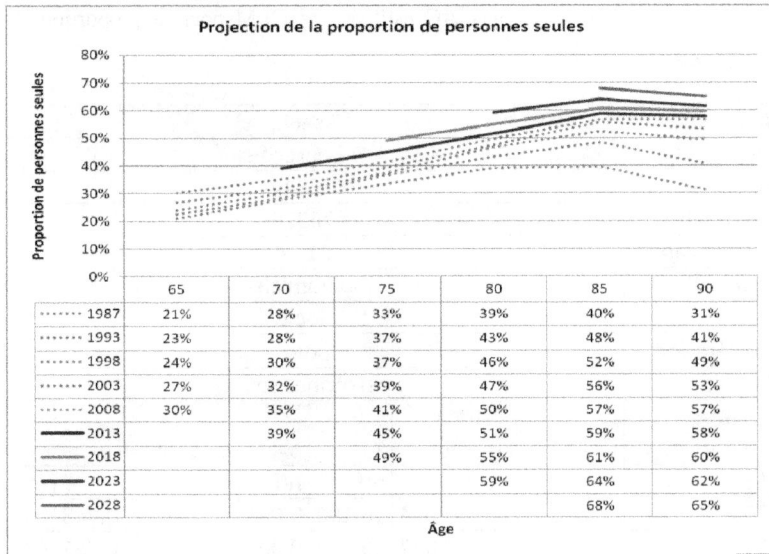

	65	70	75	80	85	90
⋯⋯ 1987	21%	28%	33%	39%	40%	31%
⋯⋯ 1993	23%	28%	37%	43%	48%	41%
⋯⋯ 1998	24%	30%	37%	46%	52%	49%
⋯⋯ 2003	27%	32%	39%	47%	56%	53%
⋯⋯ 2008	30%	35%	41%	50%	57%	57%
2013		39%	45%	51%	59%	58%
2018			49%	55%	61%	60%
2023				59%	64%	62%
2028					68%	65%

Âge

Figure 6-5 : Projection de la proportion de personnes seules

171

Tableau 6-2 : Identification effets AC estimés par GLM pour la proportion de personnes seules

Nom	P.seules					
Données	Désagrégées					
Nb d'obs	76344					
Degrés lib	76326					
1/df Déviance	31.24					
Distribution	binomiale					
Lien	logit					
Pondération	poids					
Var.dep	personnes seules					
variables explicatives	Coefficient	Std erreur	Z	p>z	95% int.confiance	
a65	ref	ref	ref	ref	ref	ref
a70	0.396	0.024	16.190	0.000	0.348	0.444
a75	0.805	0.027	29.340	0.000	0.751	0.859
a80	1.216	0.033	37.400	0.000	1.152	1.280
a85	1.589	0.045	35.310	0.000	1.501	1.677
a90	1.628	0.067	24.210	0.000	1.496	1.760
c1897	ref	ref	ref	ref	ref	ref
c1902	0.416	0.192	2.160	0.031	0.039	0.793
c1907	0.771	0.182	4.240	0.000	0.415	1.128
c1912	0.931	0.180	5.170	0.000	0.578	1.284
c1917	1.068	0.179	5.980	0.000	0.718	1.417
c1922	1.106	0.180	6.160	0.000	0.754	1.458
c1927	1.190	0.180	6.620	0.000	0.838	1.542
c1932	1.269	0.180	7.050	0.000	0.916	1.622
c1937	1.412	0.181	7.810	0.000	1.058	1.767
c1942	1.584	0.182	8.690	0.000	1.227	1.941
_cons	-2.426	0.180	- 13.480	0.000	-2.779	- 2.073

6.1.2.2 Projection de la distance au centre-ville

L'estimation de la distance au centre-ville s'est effectuée à l'aide d'un modèle PC.
Le Tableau 6-3 présente les différents coefficients estimés ainsi que les effets
périodes pour 2013 à 2028. L'analyse des effets bruts (Figure 6-6) démontre que
l'augmentation de la distance au centre-ville est causée autant par des effets cohorte
que période. L'augmentation de la distance au centre-ville serait donc causée par un
mouvement de société et par les plus récentes cohortes qui résident de plus en plus
en périphérie.

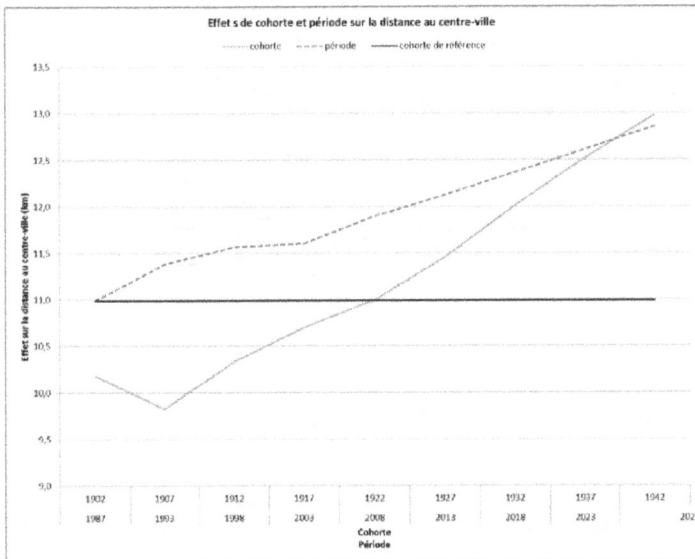

Figure 6-6 : Effets bruts de la cohorte et de la période sur la distance au centre-
ville

La projection de la distance au centre-ville est plus complexe, des hypothèses
devant être imposées aux effets périodes. En effet, les effets d'âge et de cohortes

demeurent similaires dans le futur, tandis que les effets périodes changent. L'exercice d'émettre des hypothèses sur les effets période est laissé à la discrétion du modélisateur. Dans le cadre de ce projet, les hypothèses ont été prises selon les tendances des effets périodes modélisées. Dans le cadre de la distance au centre-ville, étant donné l'accroissement constant des effets périodes, une augmentation de ces effets est supposée. Cette augmentation correspond à la moyenne des augmentations entre chaque effet période. Cette hypothèse signifie que la distance au centre-ville continuera d'augmenter pour toutes les personnes, avec une ampleur plus importante pour les cohortes les plus récentes. La Figure 6-7 présente le résultat de ces projections. La distance au centre-ville chez les personnes âgées devrait augmenter jusqu'à presque 15 km pour les 85 ans en 2028.

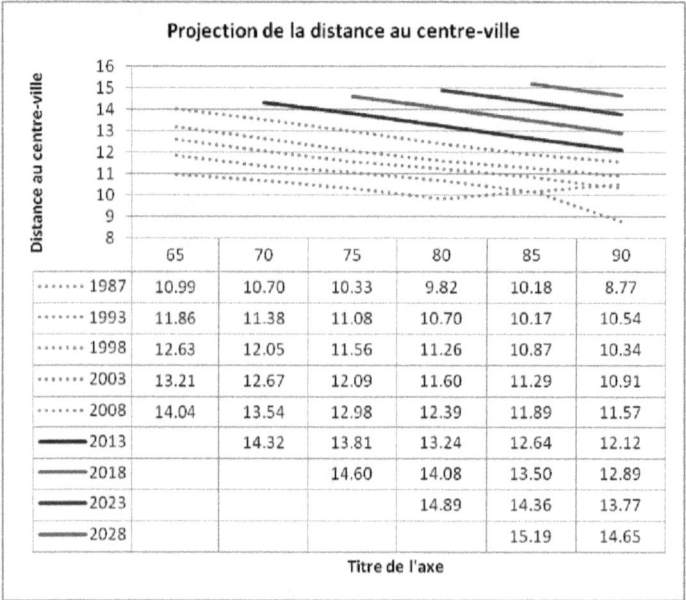

Projection de la distance au centre-ville

	65	70	75	80	85	90
······ 1987	10.99	10.70	10.33	9.82	10.18	8.77
······ 1993	11.86	11.38	11.08	10.70	10.17	10.54
······ 1998	12.63	12.05	11.56	11.26	10.87	10.34
······ 2003	13.21	12.67	12.09	11.60	11.29	10.91
······ 2008	14.04	13.54	12.98	12.39	11.89	11.57
——2013		14.32	13.81	13.24	12.64	12.12
——2018			14.60	14.08	13.50	12.89
——2023				14.89	14.36	13.77
——2028					15.19	14.65

Distance au centre-ville — Titre de l'axe

Figure 6-7 : Analyse transversale de la distance au centre-ville à l'horizon 2028

Tableau 6-3 : Identification effets PC estimés par GLM pour la distance moyenne
au centre-ville

Nom	PC_distcv					
Données	Désagrégées					
Nb d'obs	76344					
Degrés lib	76330					
1/df Pearson	1640.686					
1/df Déviance	1640.686					
BIC	1.24E+08					
Distribution	gaussian					
Lien	log					
Pondération	poids					
Var.dep	distance au centre-ville					
variables explicatives	Coefficient	Std erreur	Z	p>z	95% int.confiance	
c1897	0.000	0.000	0.000	0.000	0.000	0.000
c1902	0.149	0.065	2.290	0.022	0.021	0.276
c1907	0.113	0.061	1.870	0.061	-0.005	0.232
c1912	0.164	0.059	2.750	0.006	0.047	0.280
c1917	0.199	0.059	3.370	0.001	0.083	0.314
c1922	0.226	0.059	3.830	0.000	0.110	0.341
c1927	0.267	0.059	4.510	0.000	0.151	0.383
c1932	0.314	0.059	5.290	0.000	0.198	0.430
c1937	0.356	0.060	5.970	0.000	0.239	0.472
c1942	0.392	0.060	6.550	0.000	0.275	0.509
p1987	0.000	0.000	0.000	0.000	0.000	0.000
p1992	0.035	0.009	3.810	0.000	0.017	0.053
p1997	0.051	0.010	5.210	0.000	0.032	0.070
p2002	0.054	0.010	5.170	0.000	0.034	0.075
p2007	0.079	0.011	7.200	0.000	0.057	0.100
p2012	0.098	n.a	n.a	n.a	n.a	n.a
p2017	0.118	n.a	n.a	n.a	n.a	n.a
p2022	0.137	n.a	n.a	n.a	n.a	n.a
p2027	0.157	n.a	n.a	n.a	n.a	n.a

| _cons | | 2.171 | 0.058 | 37.210 | 0.000 | | 2.057 | 2.286 |

6.1.2.3 Projection de la proportion d'hommes

L'estimation de la proportion d'hommes s'est effectuée avec un modèle AC_agrégé, tel que présenté dans le chapitre précédent (Tableau 5-10). L'analyse des effets bruts (Figure 6-8) démontre que la proportion d'hommes est majoritairement influencée par des effets d'âge, l'ampleur des effets de cohorte étant très faible. Par conséquent, la proportion d'hommes sera seulememement légèrement supérieure dans le futur. La Figure 6-9 présente la projection de cet indicateur.

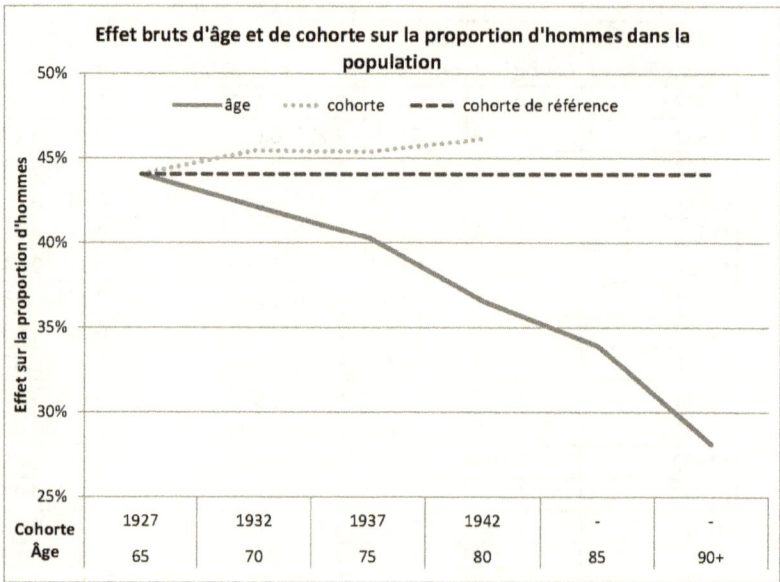

Figure 6-8 : Effets bruts pour l'âge et la cohorte sur la proportion d'hommes dans la population

176

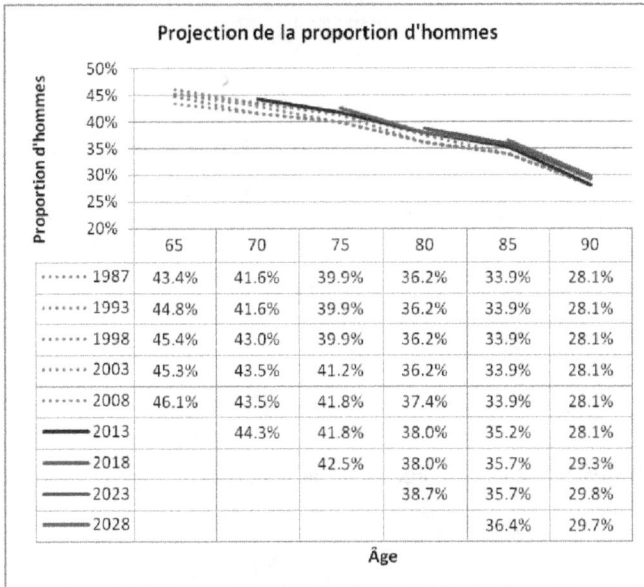

Figure 6-9 : Projection de la proportion d'hommes

6.1.2.4 Proportion de travailleurs

Finalement, la dernière variable explicative modélisée est la proportion de travailleurs dont le modèle AC_agrégé est présenté dans le Tableau 6-4. Une agrégation des 75 ans et plus, ainsi que des cohortes de 1917 et moins a été effectuée. La Figure 6-10 présente les effets bruts d'âge et cohorte. Naturellement, l'âge a un effet négatif sur la proportion de travailleurs tandis que les effets cohorte démontrent que les personnes âgées prennent de plus en plus tardivement leur retraite. Finalement, la Figure 6-11 présente la projection de la proportion de travailleurs.

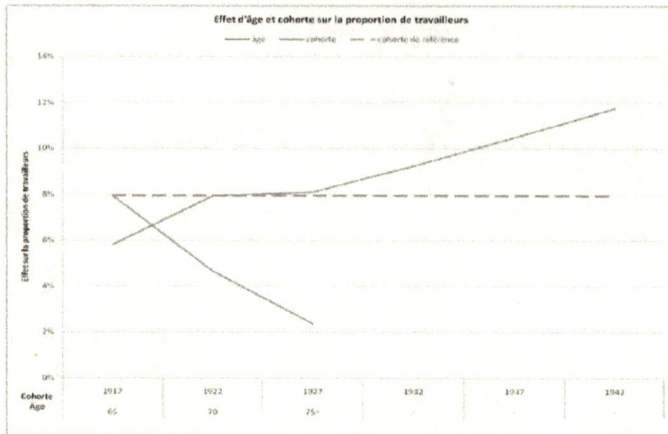

Figure 6-10 : Effets bruts de l'âge et de la cohorte sur la proportion de travailleurs

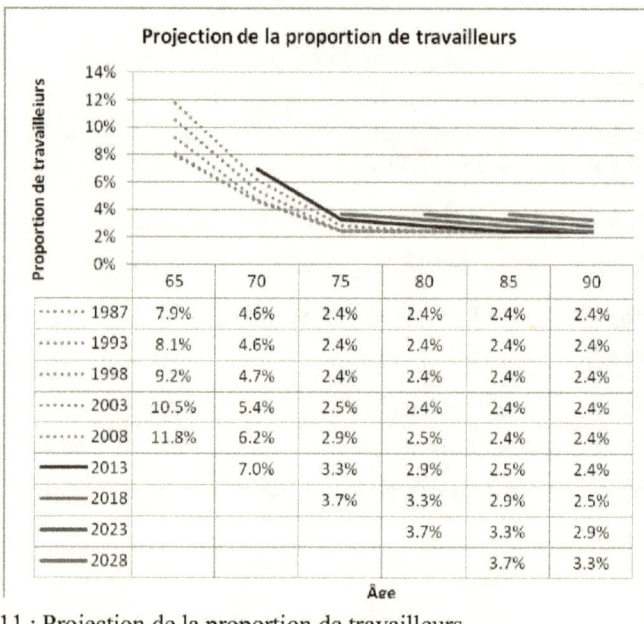

	65	70	75	80	85	90
1987	7.9%	4.6%	2.4%	2.4%	2.4%	2.4%
1993	8.1%	4.6%	2.4%	2.4%	2.4%	2.4%
1998	9.2%	4.7%	2.4%	2.4%	2.4%	2.4%
2003	10.5%	5.4%	2.5%	2.4%	2.4%	2.4%
2008	11.8%	6.2%	2.9%	2.5%	2.4%	2.4%
2013		7.0%	3.3%	2.9%	2.5%	2.4%
2018			3.7%	3.3%	2.9%	2.5%
2023				3.7%	3.3%	2.9%
2028					3.7%	3.3%

Âge

Figure 6-11 : Projection de la proportion de travailleurs

Tableau 6-4 : Identification effets AC estimés par GLM pour la proportion de travailleurs

Nom	AC_travailleur					
Données	Désagrégées					
Nb d'obs	76344					
Degrés lib	76335					
1/df Déviance	10.22					
Distribution	binomiale					
Lien	logit					
Pondération	poids					
Var.dep	hommes					
variables explicatives	Coefficient	Std erreur	Z	p>z	95% int.confiance	
a65	ref	ref	ref	ref	ref	ref
a70	-0.569	0.043	-13.380	0.000	-0.653	-0.486
age75	-1.263	0.057	-22.290	0.000	-1.374	-1.152
cohort1917	ref	ref	ref	ref	ref	ref
c1922	0.335	0.074	4.540	0.000	0.190	0.480
c1927	0.355	0.074	4.800	0.000	0.210	0.501
c1932	0.501	0.075	6.700	0.000	0.354	0.647
c1937	0.640	0.077	8.310	0.000	0.489	0.792
c1942	0.771	0.082	9.400	0.000	0.610	0.932
_cons	-2.785	0.072	-38.790	0.000	-2.926	-2.645

6.1.3 Projection du taux d'accès à l'automobile

La projection de ces quatre variables explicatives permet de modéliser le taux d'accès à l'automobile en prenant en considération la modification des caractéristiques des cohortes. La méthode de projection pour le taux d'accès à l'automobile est similaire à celle utilisée dans la section précédente. Une augmentation puis stabilisation des effets période est supposée (Figure 6-12). La Figure 6-13 présente les résultats des projections des effets période (voir coefficients Tableau 6-6 et caractéristiques Tableau 6-5). La stabilisation du taux d'accès à l'automobile (effets cohorte et période) est bien visible à partir de 2023. Ces projections démontrent qu'à l'horizon 2028, le taux d'accès à l'automobile devrait être plus élevé que celui des 65 ans en 1987 ou près du double des 90 ans et plus en 1987.

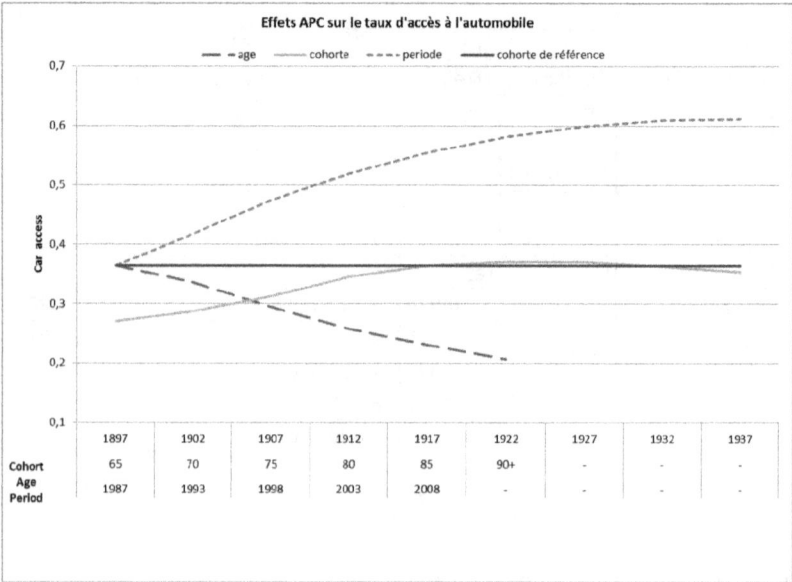

Figure 6-12 : Effets bruts APC pour le taux d'accès à l'automobile

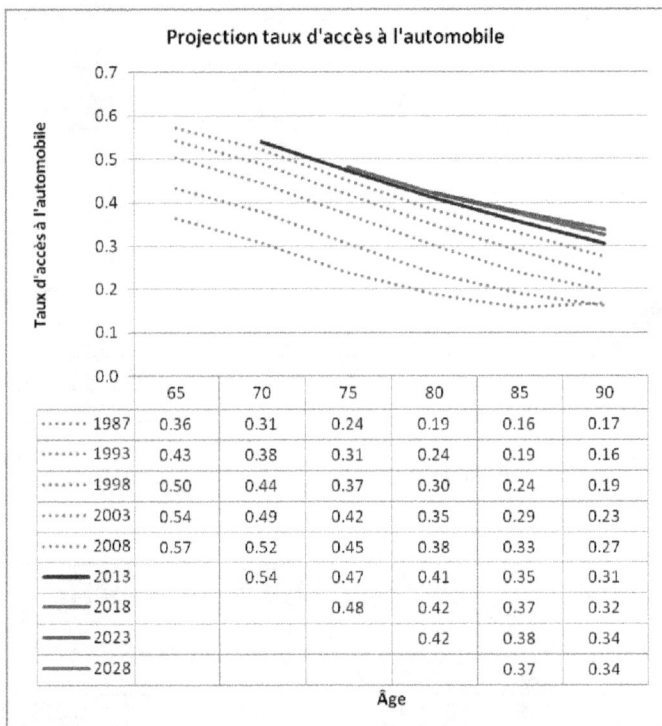

Figure 6-13 : Projection du taux d'accès à l'automobile

Tableau 6-5 : Caractéristiques du modèle IE_motor

Nom	IE_motor
Données	Désagrégées
Nb d'obs	76219
Degrés lib	76197
1/df Déviance	9.71
Lien	Poisson
Distribution	log
Pondération	poids
Var.dep	taux d'accès à l'automobile
Filtre	acces auto<=2

Tableau 6-6 : Identification effets APCC estimés par IE pour le taux d'accès à l'automobile

Nom	IE_Motor					
Var.exp	Coeff	Std erreur	Z	p>z	95% int.confiance	
travailleur	0.288	0.010	27.740	0.000	0.268	0.309
distcv	0.019	0.000	57.030	0.000	0.018	0.020
hommes	0.231	0.007	34.300	0.000	0.217	0.244
pers1	-0.127	0.010	-12.800	0.000	-0.146	-0.107
age_65	0.278	0.015	17.970	0.000	0.247	0.308
age_70	0.196	0.011	17.830	0.000	0.174	0.217
age_75	0.065	0.011	5.910	0.000	0.043	0.087
age_80	-0.067	0.016	-4.290	0.000	-0.098	-0.036
age_85	-0.180	0.024	-7.500	0.000	-0.227	-0.133
age_90	-0.291	0.034	-8.620	0.000	-0.358	-0.225
period_1987	-	0.015	-16.120	0.000	-0.262	-

	0.234					0.206
period_1992	-0.099	0.011	-9.370	0.000	-0.119	-0.078
period_1997	0.029	0.007	3.970	0.000	0.014	0.043
period_2002	0.119	0.010	12.430	0.000	0.100	0.138
period_2007	0.185	0.015	12.390	0.000	0.156	0.214
period_2012	0.232	n.a	n.a	n.a	n.a	n.a
period_2017	0.263	n.a	n.a	n.a	n.a	n.a
period_2022	0.280	n.a	n.a	n.a	n.a	n.a
period_2027	0.283	n.a	n.a	n.a	n.a	n.a
cohort_1897	0.011	0.076	-0.150	0.883	-0.160	0.138
cohort_1902	-0.214	0.055	-3.900	0.000	-0.322	-0.107
cohort_1907	-0.155	0.040	-3.840	0.000	-0.234	-0.076
cohort_1912	-0.072	0.030	-2.400	0.017	-0.131	-0.013
cohort_1917	0.031	0.020	1.530	0.125	-0.009	0.071
cohort_1922	0.084	0.013	6.260	0.000	0.057	0.110
cohort_1927	0.101	0.009	11.180	0.000	0.084	0.119
cohort_1932	0.101	0.008	12.960	0.000	0.086	0.117
cohort_1937	0.081	0.012	6.670	0.000	0.057	0.105
cohort_1942	0.053	0.020	2.680	0.007	0.014	0.092
_cons	-1.442	0.014	-101.080	0.000	-1.470	-1.414

6.2 Projection de la non-motorisation

La non-motorisation a été estimée selon un modèle âge-période-cohorte. Le Tableau 6-8 présente les résultats de la modélisation ainsi que les projections d'effets de période et le Tableau 6-7, les caractéristiques du modèle. L'hypothèse est que le léger déclin observé des effets période se poursuive. Les Figure 6-14 et Figure 6-16 présentent les effets bruts APC et des différentes variables explicatives.

183

Il s'agit des mêmes variables explicatives qui avaient été intégrées au modèle du taux d'accès à l'automobile, à l'exception de l'ajout de la proportion de personnes résidant dans un ménage à trois personnes et plus (personnes 3+). La modélisation et projection de cette variable est présentée dans l'annexe 13.

L'analyse des effets APC démontre que l'âge a un effet important sur la non-motorisation dès l'âge de 70 ans. De plus, après une stabilisation des effets cohortes entre 1902 et 1907, une diminution pour les cohortes de 1912 à 1932 est observée, pour terminer par se stabiliser pour les cohortes de 1937 et 1942. Les effets périodes suivent une tendance similaire aux effets cohortes : diminution rapide et importante entre 1987 et 2003, puis léger déclin par la suite. La projection de la non-motorisation est présentée dans la Figure 6-17. Une diminution de cet indicateur est observée à l'horizon 2028, attribuable à une augmentation de la distance au centre-ville, travailleurs et autres variables explicatives. Toutefois, la non-motorisation devrait affecter plus de 40% des personnes âgées en 2028, justifiant ainsi l'importance d'offrir et d'adapter les services de transport collectif.

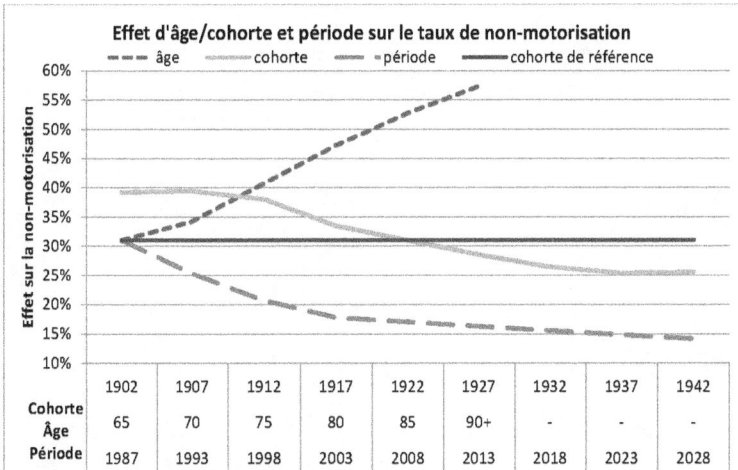

Figure 6-14 : Effets bruts d'âge, de cohorte et de période sur le taux de non-motorisation

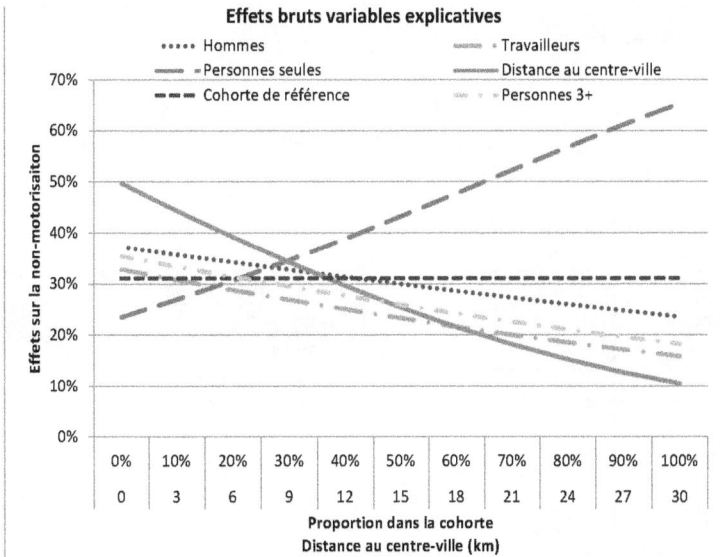

Figure 6-15 : Effets bruts des différentes variables explicatives

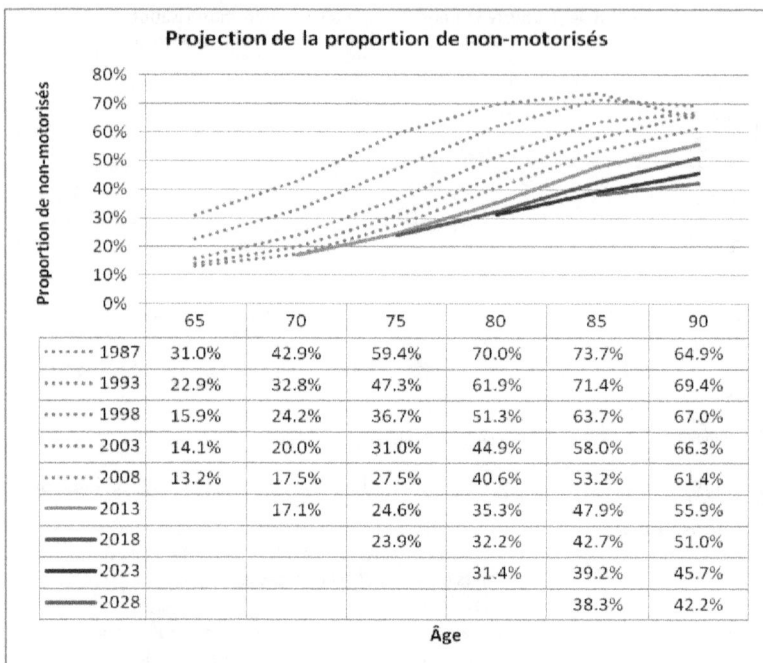

Projection de la proportion de non-motorisés

Âge	65	70	75	80	85	90
1987	31.0%	42.9%	59.4%	70.0%	73.7%	64.9%
1993	22.9%	32.8%	47.3%	61.9%	71.4%	69.4%
1998	15.9%	24.2%	36.7%	51.3%	63.7%	67.0%
2003	14.1%	20.0%	31.0%	44.9%	58.0%	66.3%
2008	13.2%	17.5%	27.5%	40.6%	53.2%	61.4%
2013		17.1%	24.6%	35.3%	47.9%	55.9%
2018			23.9%	32.2%	42.7%	51.0%
2023				31.4%	39.2%	45.7%
2028					38.3%	42.2%

Figure 6-16 : Projection de la proportion de personnes non-motorisées

Tableau 6-7 : Caractéristiques du modèle APCC

Nom	IE_Non-Motor
Données	Désagrégées
Nb d'obs	76344
Degrés lib	76323
1/df Déviance	24.07
Lien	binomiale
Distribution	logit
Pondération	poids

Var.dep	non-motorisés

Tableau 6-8 : Identification effets APCC estimés par IE pour la proportion de non-motorisés

Nom	IE_Non-Motor					
variables explicatives	Coefficient	Std erreur	Z	p>z	95% int.confiance	
hommes	-0.657	0.021	-30.680	0.000	-0.699	-0.615
distcv	-0.071	0.001	-48.750	0.000	-0.074	-0.068
pers1	1.817	0.021	84.870	0.000	1.775	1.859
pers3	-0.902	0.037	-24.210	0.000	-0.975	-0.829
travailleur	-0.957	0.057	-16.850	0.000	-1.068	-0.845
age_65	-0.542	0.031	-17.580	0.000	-0.603	-0.482
age_70	-0.397	0.024	-16.570	0.000	-0.443	-0.350
age_75	-0.121	0.024	-4.950	0.000	-0.168	-0.073
age_80	0.143	0.030	4.780	0.000	0.085	0.202
age_85	0.365	0.042	8.710	0.000	0.283	0.448
age_90	0.550	0.056	9.790	0.000	0.440	0.660
period_1987	0.469	0.028	17.060	0.000	0.415	0.523
period_1992	0.185	0.024	7.610	0.000	0.138	0.233
period_1997	-0.076	0.021	-3.590	0.000	-0.118	-0.035
period_2002	-0.262	0.024	-11.070	0.000	-0.308	-0.215
period_2007	-0.317	0.030	-10.540	0.000	-0.375	-0.258
period_2012	-0.371	n.a	n.a	n.a	n.a	n.a

period_2017	-0.426	n.a	n.a	n.a	n.a	n.a
period_2022	-0.481	n.a	n.a	n.a	n.a	n.a
period_2027	-0.536	n.a	n.a	n.a	n.a	n.a
cohort_1897	-0.089	0.134	-0.660	0.508	-0.352	0.174
cohort_1902	0.340	0.091	3.720	0.000	0.161	0.519
cohort_1907	0.350	0.067	5.220	0.000	0.219	0.481
cohort_1912	0.291	0.052	5.550	0.000	0.188	0.393
cohort_1917	0.093	0.038	2.420	0.015	0.018	0.169
cohort_1922	-0.019	0.028	-0.660	0.507	-0.073	0.036
cohort_1927	-0.138	0.024	-5.700	0.000	-0.185	-0.090
cohort_1932	-0.243	0.024	-10.130	0.000	-0.290	-0.196
cohort_1937	-0.298	0.031	-9.750	0.000	-0.358	-0.238
cohort_1942	-0.288	0.050	-5.760	0.000	-0.386	-0.190
_cons	0.254	0.031	8.150	0.000	0.193	0.316

6.3 Projection de la part modale du transport en commun

La projection de la part modale du transport en commun s'est effectuée à l'aide d'un modèle âge-période-cohorte_agrégé. La modélisation s'est effectuée sur les déplacements, permettant ainsi d'estimer une part modale. Tout d'abord, une agrégation des cohortes de 1897 à 1912 s'est effectuée, leurs effets n'étant pas significatifs et non perceptibles dans l'analyse descriptive. De plus, la cohorte de 1942 n'est pas incluse dans la modélisation, son effet n'étant pas significatif. En effet, les comportements de cette cohorte sont contraires aux tendances observées dans les cohortes les plus récentes alors qu'une augmentation de la part modale du transport en commun est observée. Par conséquent, une analyse plus approfondie de son comportement serait nécessaire afin de confirmer que cette augmentation de l'utilisation du transport en commun est permanente, ce qui reviendrait à un renversement des tendances des effets cohortes. Toutefois, la base de données utilisée dans le mémoire ne comprenant qu'une observation de cette cohorte (65 ans en 2008), il n'est pas possible d'étudier son comportement plus en profondeur. Finalement, les âges 65 et 70 ont été agrégés en un seul effet.

Il est certain que les nombreuses agrégations ont eu un effet négatif sur la qualité du modèle, le coefficient de détermination étant de 0.79 pour le modèle sans variables explicatives, ce qui est largement inférieur aux autres modèles, dont le coefficient n'était jamais inférieur à 0.95. En effet, comparativement aux autres phénomènes étudiés, l'évolution de la part modale du transport en commun a une variabilité beaucoup plus complexe à analyser de façon descriptive à cause principalement d'effets périodes très forts.

6.3.1 Impact des variables explicatives

La grande variabilité de la part modale du transport en commun explique ce faible coefficient, car, comparativement au taux d'accès à l'automobile et à la non-motorisation qui sont des propriétés de la personne, les comportements des personnes sont plus faciles et rapides à changer. En effet, changer de mode de transport comporte moins d'implications qu'acheter ou se départir d'une automobile. Par conséquent, comme démontré dans l'analyse descriptive, la part modale du transport en commun est beaucoup plus difficile à analyser en tant qu'effets d'âge, période et cohorte.

En outre, cet indicateur semble beaucoup être fortement influencé par un changement dans les caractéristiques des cohortes. En effet, pour mieux démontrer la variabilité de l'analyse APC, quatre modèles ont été estimés, permettant aussi de démontrer l'intérêt du modèle APCC (Tableau 6-9). Le premier est un modèle sans

189

variable explicative (APC), le deuxième intègre la distance au centre-ville (Dist), le troisième la motorisation (Motor) qui correspond à la proportion de personnes motorisées (ayant accès à une automobile) et le dernier intègre toutes les variables explicatives dont l'effet a été démontré comme important (selon la méthode d'analyse des résidus). La Figure 6-19 présente les effets bruts APC de tous ces modèles. Le but de présenter la variation dans les effets bruts APC est de démontrer comment l'intégration de variables explicatives modifie la compréhension et l'explication du phénomène.

Tout d'abord, les effets cohortes sont relativement similaires entre les quatre modèles. L'intégration de la motorisation dans le modèle diminue légèrement les effets cohortes. Par la suite, les effets périodes varient légèrement, mais suivent des tendances similaires. Encore une fois, la motorisation réduit la variabilité des comportements attribuable aux effets périodes. Finalement, le principal impact d'intégrer les différentes variables se perçoit sur les effets d'âge dont les tendances et l'ampleur changent complètement. En effet, l'ajout de la distance au centre-ville diminue légèrement l'effet de l'âge ce qui signifie que les différences dans l'utilisation du transport en commun entre les âges étaient dues aux effets de cohortes : les personnes âgées plus jeunes résident plus en périphérie ce qui explique leur part modale plus faible. Toutefois, ces différences sont attribuables à leur localisation résidentielle et non pas à leur appartenance à une cohorte. L'ajout de la motorisation a un impact encore plus important sur l'estimation des effets de l'âge, qui deviennent négatifs, ce qui signifie que l'augmentation de l'utilisation du transport en commun en vieillissant n'est pas due au fait de vieillir, mais plutôt à une augmentation de la non-motorisation. L'intégration de ces différentes variables explicatives modifie considérablement la compréhension du phénomène et améliore grandement la projection qui peut être effectuée.

190

En outre, l'intégration des différentes variables explicatives permet d'améliorer la qualité du modèle en augmentant le coefficient de détermination R2 de 0.79 pour le modèle APC à 0.87 pour le modèle Comp.

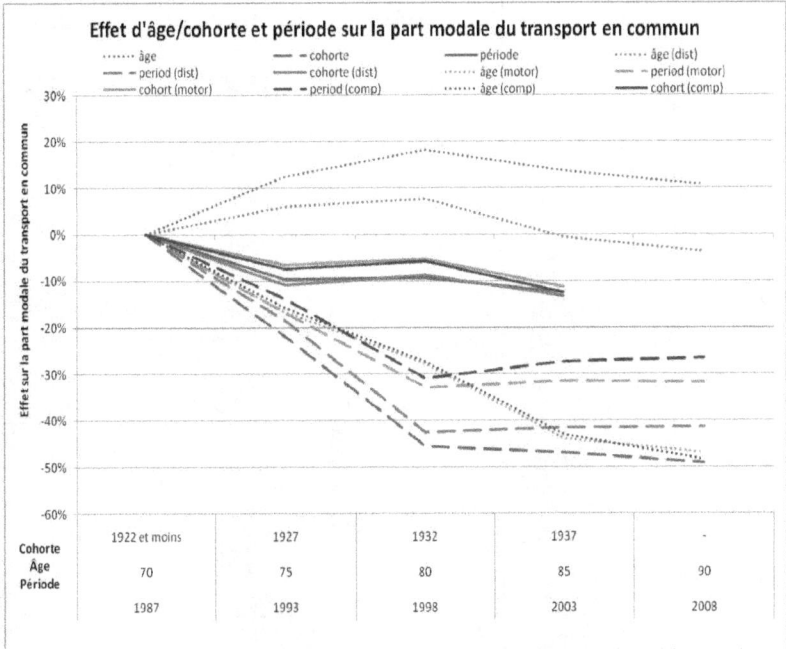

Figure 6-17 : Effets APC : comparaison entre les différences modèles

Tableau 6-9 : Comparaison des résultats des différents modèles estimés par GLM

Nom	APC		Dist		Motor		Comp	
Données	Désagrégées		Désagrégées		Désagrégées		Désagrégées	
Nb d'obs	1923714		802366		1121348		1121348	
Degrés lib	1811616		802348		1121330		1121330	
1/df Déviance	21.16		19.8		16.88		16.34	
Distributio n	binomiale		binomiale		binomiale		binomiale	
Lien	logit		logit		logit		logit	
Pondératio n	poids		poids		poids		poids	
Var.dep	acces auto		acces auto		acces auto		TC	
Var.exp	Coefficien t	p>z	Coefficien t	p>z	Coefficien t	p>z	Coefficien t	p>z
distcv	n.a	n.a	-0.109	0.000	n.a	n.a	-0.069	0.000
motor	n.a	n.a	n.a	n.a	-2.539	0.000	-2.400	0.000
pers1	n.a	n.a	n.a	n.a	n.a	n.a	-0.209	0.000
hommes	n.a	n.a	n.a	n.a	n.a	n.a	-0.246	0.000
travail	n.a	n.a	n.a	n.a	n.a	n.a	0.465	0.000
age70	ref	ref	ref	ref	ref	ref	ref	ref
a75	0.159	0.000	0.075	0.002	-0.218	0.000	-0.205	0.000
a80	0.228	0.000	0.095	0.005	-0.384	0.000	-0.373	0.000
a85	0.173	0.002	-0.008	0.897	-0.671	0.000	-0.648	0.000
a90	0.136	0.210	-0.047	0.678	-0.733	0.000	-0.759	0.000
cohort192	ref	ref	ref	ref	ref	ref	ref	ref

2								
c1927	-0.134	0.000	-0.143	0.000	-0.082	0.006	-0.093	0.002
c1932	-0.129	0.000	-0.115	0.000	-0.067	0.052	-0.071	0.043
c1937	-0.173	0.000	-0.177	0.000	-0.145	0.000	-0.159	0.000
p1987	ref	ref	ref	ref	ref	ref	ref	ref
p1992	-0.317	0.000	-0.253	0.000	-0.221	0.000	-0.178	0.000
p1997	-0.745	0.000	-0.664	0.000	-0.470	0.000	-0.433	0.000
p2002	-0.776	0.000	-0.642	0.000	-0.447	0.000	-0.373	0.000
p2007	-0.824	0.000	-0.641	0.000	-0.451	0.000	-0.362	0.000
_cons	-1.131	0.000	-0.106	0.000	0.191	0.000	0.898	0.000

6.3.2 Analyse du modèle complet et projection

L'analyse des effets bruts et la projection se feront à l'aide du modèle Comp qui intègre toutes les variables explicatives (Tableau 6-10). La Figure 6-20 et la Figure 6-21 présentent les effets bruts APC et des différentes variables explicatives. De façon générale, la grande majorité des effets ont un impact négatif. Tout d'abord, l'âge décline fortement l'utilisation du transport en commun, cet effet s'atténuant pour les 90 ans. Les effets de cohorte, d'ampleur moins importante que les effets d'âge, influencent négativement cet indicateur et tendent à devenir plus importants pour la cohorte de 1937. Finalement, les effets périodes influencent négativement la part modale du transport en commun. Le déclin du transport en commun s'est principalement concentré entre 1987 et 1998 où un fort effet négatif est modélisé. Toutefois, depuis 1998, les effets période négatifs tendent à diminuer d'ampleur.

Ces observations démontrent qu'un changement dans les comportements de la population est observable. En effet, malgré que l'effet période soit toujours négatif, une augmentation, par rapport à 1993, est observée démontrant un certain retour vers l'utilisation du transport en commun, conséquence peut-être de l'amélioration de la qualité de service. Pour la projection, une hypothèse d'augmentation des effets périodes, selon les tendances vues en entre 1998 et 2008 (moyenne des différences) est supposée. Au niveau des variables explicatives, la motorisation et la distance au centre-ville ont un impact négatif très important. La proportion de personnes seules et d'hommes influence négativement, mais leur impact demeure très minime. La seule variable explicative avec un impact positif est la proportion de travailleurs dans la cohorte.

La Figure 6-22 présente la projection de la part modale du transport en commun. Malgré l'intégration d'effets période, dont l'effet est de moins en moins négatif, l'utilisation du transport devrait décroître, du majoritairement aux effets cohortes et aux différentes variables explicatives. Par conséquent, à moins d'une augmentation importante des effets périodes dus à un changement dans l'offre ou qualité du service, la part modale des personnes âgées devrait être très faible.

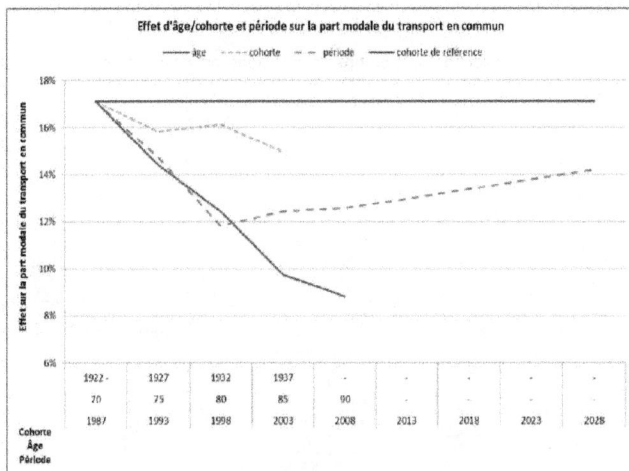

Figure 6-18 : Effets bruts des différentes variables explicatives et APC

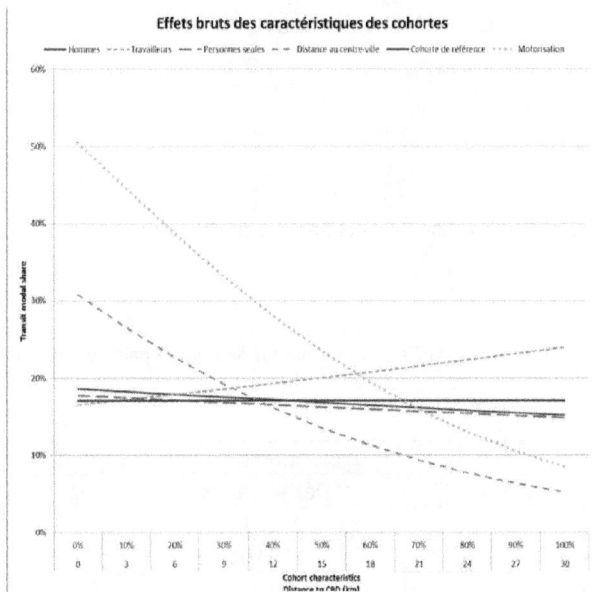

Figure 6-19 : Effets d'âge-période-cohorte sur la part modale de transport en commun

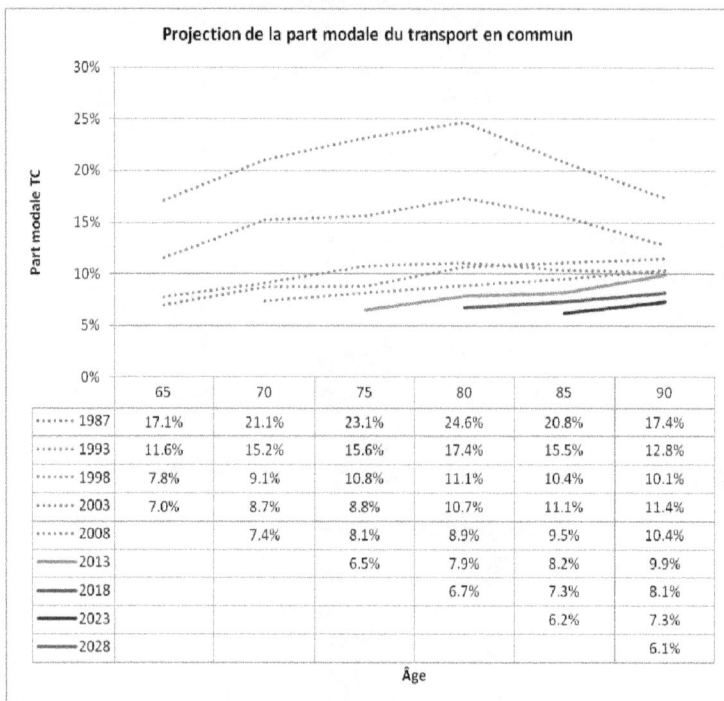

Figure 6-20 : Projection de la part modale du transport en commun

Tableau 6-10 : Identification effets APCC estimés par GLM pour la part modale du transport en commun

Nom	Comp
Données	Désagrégées
Nb d'obs	119114
Degrés lib	119101
1/df Déviance	16.34

Lien	binomiale					
Distribution	logit					
Pondération	poids					
Var.dep	utilisation du TC					
variables explicatives	Coefficient	Std erreur	Z	p>z	95% int.confiance	
distcv	-0.069	0.002	-43.420	0.000	-0.073	-0.066
motor	-2.400	0.025	-95.110	0.000	-2.450	-2.351
pers1	-0.209	0.024	-8.690	0.000	-0.256	-0.162
hommes	-0.246	0.023	10.700	0.000	-0.291	-0.201
travail	0.465	0.033	13.970	0.000	0.400	0.530
age70	ref	ref	ref	ref	ref	ref
a75	-0.205	0.028	-7.360	0.000	-0.259	-0.150
a80	-0.373	0.038	-9.700	0.000	-0.449	-0.298
a85	-0.648	0.065	-10.020	0.000	-0.775	-0.521
a90	-0.759	0.121	-6.250	0.000	-0.997	-0.521
cohort1922	ref	ref	ref	ref	ref	ref
c1927	-0.093	0.031	-3.040	0.002	-0.153	-0.033
c1932	-0.071	0.035	-2.030	0.043	-0.140	-0.002
c1937	-0.159	0.042	-3.800	0.000	-0.241	-0.077
p1987	ref	ref	ref	ref	ref	ref
p1992	-0.178	0.033	-5.380	0.000	-0.243	-0.113
p1997	-0.433	0.037	-	0.000	-0.505	-

			11.750			0.361
p2002	-0.373	0.042	-8.860	0.000	-0.456	-0.291
p2007	-0.362	0.035	-10.460	0.000	-0.430	-0.294
period_2012	-0.326	n.a	n.a	n.a	n.a	n.a
period_2017	-0.291	n.a	n.a	n.a	n.a	n.a
period_2022	-0.255	n.a	n.a	n.a	n.a	n.a
period_2027	-0.220	n.a	n.a	n.a	n.a	n.a
_cons	0.898	0.032	28.310	0.000	0.835	0.960

6.4 Évaluation de divers scénarios

Outre l'explication des différentes tendances observées dans la population, les modèles âge-période-cohorte peuvent être utilisés pour étudier l'impact de divers scénarios sur la mobilité. Cette section présente l'étude de quatre scénarios et leurs conséquences sur la part modale du transport en commun. :

1. Politique visant à relocaliser les personnes âgées à proximité du centre-ville : -20% de la distance moyenne au centre-ville à l'horizon 2028 (Figure 6-23)

2. Politique visant à diminuer la motorisation des personnes âgées : -20% de la motorisation à l'horizon 2028 (Figure 6-24)

3. Combinaison des deux scénarios précédents (Figure 6-26)

4. Engouement pour le transport en commun : +20% effets périodes à l'horizon 2028 (Figure 6-25)

Afin de mieux visualiser les différences, les graphiques ne présentent pas intégralement la courbe de 1987. Tout d'abord, la première constatation est que les différents scénarios ne modifient pas de façon importante la part modale du transport en commun, le déclin étant beaucoup attribuable aux effets fixes de l'âge et de la cohorte. Toutefois, la comparaison démontre qu'une diminution de la motorisation a un effet plus important que la distance au centre-ville. De plus, une hypothèse supposant une forte augmentation du transport en commun chez les personnes âgées (effets période +20%) aurait un effet moindre qu'un déclin de la distance moyenne au centre-ville. Ces différents scénarios permettent de mettre en valeur l'impact de différentes politiques sur la mobilité de la population.

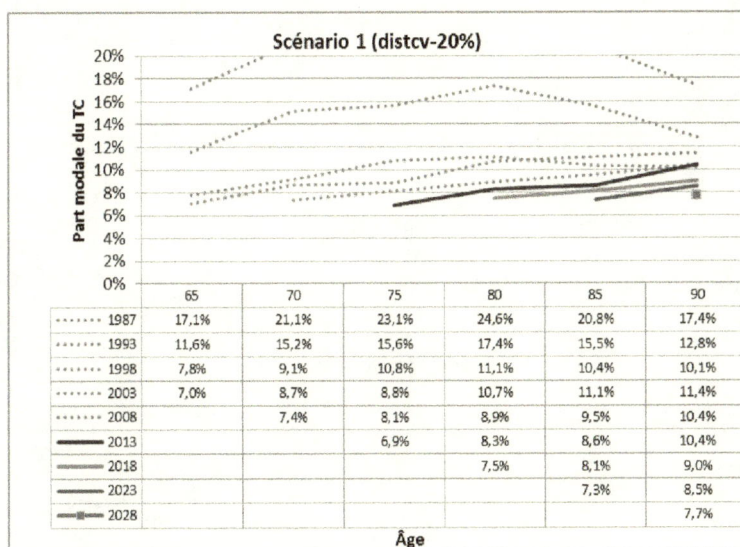

Scénario 1 (distcv-20%)

	65	70	75	80	85	90
1987	17,1%	21,1%	23,1%	24,6%	20,8%	17,4%
1993	11,6%	15,2%	15,6%	17,4%	15,5%	12,8%
1998	7,8%	9,1%	10,8%	11,1%	10,4%	10,1%
2003	7,0%	8,7%	8,8%	10,7%	11,1%	11,4%
2008		7,4%	8,1%	8,9%	9,5%	10,4%
2013			6,9%	8,3%	8,6%	10,4%
2018				7,5%	8,1%	9,0%
2023					7,3%	8,5%
2028						7,7%

Figure 6-21 : Présentation du scénario 1

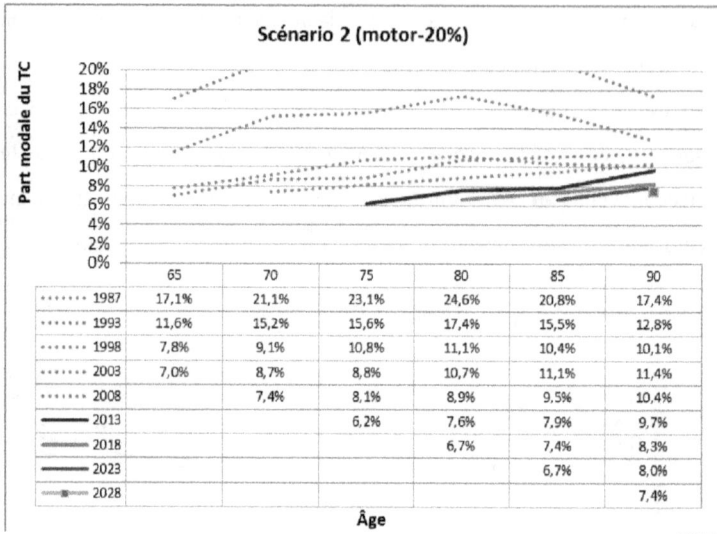

Figure 6-22 : Présentation du scénario 2

	65	70	75	80	85	90
······ 1987	17,1%	21,1%	23,1%	24,6%	20,8%	17,4%
······ 1993	11,6%	15,2%	15,6%	17,4%	15,5%	12,8%
······ 1998	7,8%	9,1%	10,8%	11,1%	10,4%	10,1%
······ 2003	7,0%	8,7%	8,8%	10,7%	11,1%	11,4%
······ 2008		7,4%	8,1%	8,9%	9,5%	10,4%
—— 2013			6,2%	7,6%	7,9%	9,7%
—— 2018				6,7%	7,4%	8,3%
—— 2023					6,7%	8,0%
—■— 2028						7,4%

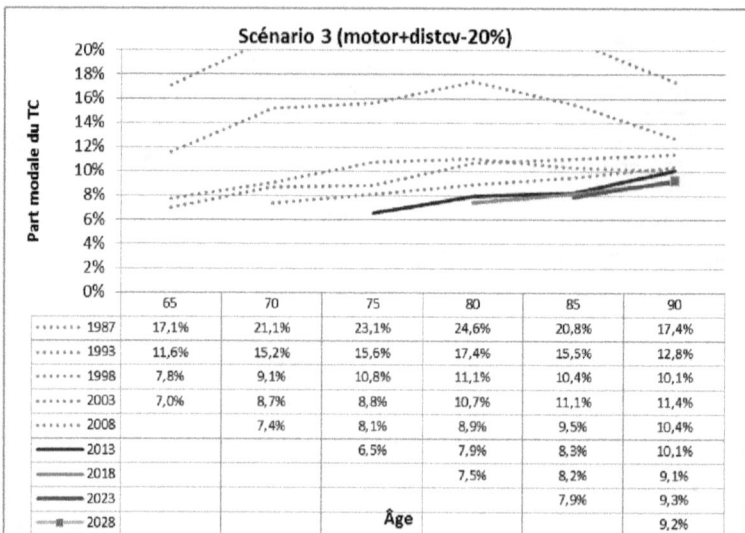

Figure 6-23 : Présentation du scénario 3

	65	70	75	80	85	90
······ 1987	17,1%	21,1%	23,1%	24,6%	20,8%	17,4%
······ 1993	11,6%	15,2%	15,6%	17,4%	15,5%	12,8%
······ 1998	7,8%	9,1%	10,8%	11,1%	10,4%	10,1%
······ 2003	7,0%	8,7%	8,8%	10,7%	11,1%	11,4%
······ 2008		7,4%	8,1%	8,9%	9,5%	10,4%
—— 2013			6,5%	7,9%	8,3%	10,1%
—— 2018				7,5%	8,2%	9,1%
—— 2023					7,9%	9,3%
—■— 2028						9,2%

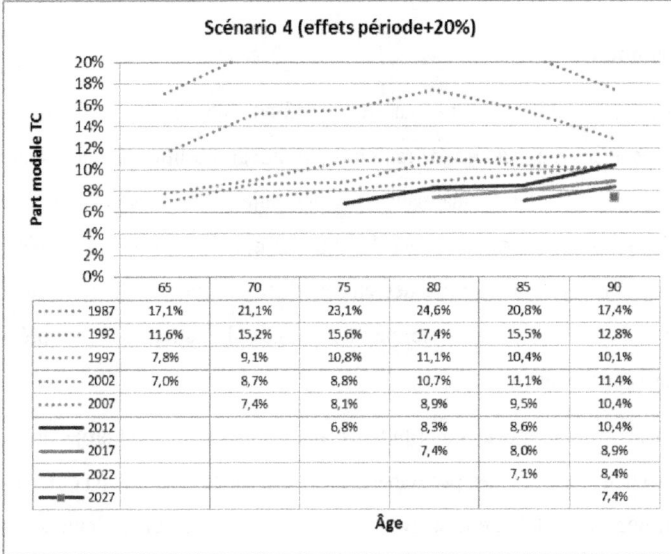

Figure 6-24 : Présentation scénario 4

CHAPITRE 7   CONCLUSION

7.1 Contributions

Ce mémoire visait à présenter une analyse approfondie des tendances de mobilité des personnes âgées dans la Grande région de Montréal. La littérature a démontré l'intérêt d'approfondir les connaissances sur ce sujet, sans toutefois permettre d'obtenir des réponses satisfaisantes sur les grandes questions du vieillissement de la population. En effet, la majorité des études n'offrent que des constats sur les changements de comportements ne permettant pas d'expliquer et de prévoir l'impact sur la demande en transport.

Ce projet visait à apporter deux contributions: analyse approfondie et projection des comportements de mobilité des personnes âgées ainsi qu'adaptation au contexte de Montréal d'une méthodologie d'analyse âge-période-cohorte qui, éventuellement, pourrait être reprise dans différents travaux sur d'autres groupes de population.

Plus spécifiquement, le projet a permis d'améliorer la connaissance sur les comportements de mobilité des personnes âgées dans la GRM, autant au niveau historique que sur leurs habitudes futures. En effet, l'analyse descriptive de la mobilité a permis de visualiser les changements historiques dans la mobilité des personnes âgées. Par la suite, la prise en compte des différentes dynamiques de mobilité a permis d'effectuer des projections réalistes basées sur l'historique comportemental des personnes âgées. En somme, ce projet a permis d'améliorer les connaissances sur les habitudes comportementales des ainés en plus de fournir diverses estimations sur leur demande future en transport.

La deuxième contribution du projet est la mise en place d'une méthodologie d'analyse démographique des comportements. En effet, autant au niveau descriptif que modélisation, ce mémoire a expliqué et démontré l'utilité d'analyser les comportements en tant qu'âge, période et cohorte. La démonstration détaillée des différentes étapes permet aussi de transposer cette méthode d'analyse à tout autre segment de la population. De plus, l'analyse des différents biais (entrecroisement des données, biais de mortalité) permet aussi de limiter les erreurs liées aux enquêtes Origine-Destination. En somme, le projet a permis de présenter et de tester une méthode d'analyse des tendances avec comme application l'étude du vieillissement de la population.

7.2 Limitations

Une analyse démographique des comportements à l'aide d'un modèle âge-période-cohorte comporte de nombreuses limitations. Toutefois, la présentation des limitations ayant été effectuée au fur et à mesure dans le mémoire, cette section n'en présente qu'un résumé.

Tout d'abord, au niveau des données utilisées, la sélection téléphonique des répondants dans les enquêtes OD entraîne un biais qui s'apparent au biais de mortalité. Par conséquent, l'ampleur des effets d'âge serait possiblement plus importante que celui estimé par les différents modèles APC. Par la suite, l'utilisation du territoire comparable de 1987 dans l'analyse des comportements de mobilité occulte une partie importante de la population, n'offrant ainsi qu'un portrait partiel des habitudes de transport des aînés.

En second lieu, la méthode d'identification des effets comporte plusieurs limitations dont le caractère subjectif de la modélisation. En effet, les différents modèles estimés ont fait l'objet d'hypothèses basées sur la capacité du modélisateur à bien identifier les effets pertinents à l'aide de l'analyse descriptive. Toutefois, nombreux de ces modèles auraient pu être estimés avec une différente combinaison des effets APC.

7.3 Perspectives

La méthode d'identification des effets offre de nombreuses perspectives de recherche. En effet, ce mémoire a présenté l'intérêt d'utiliser un modèle APC dans toute analyse de la variabilité des comportements dans le but de comprendre les dynamiques de changements.

L'une des premières perspectives serait d'appliquer le modèle âge-période-cohorte à l'analyse de divers phénomènes, par exemple les changements de comportements chez les jeunes adolescents. Dans une optique plus large, une analyse des comportements de toute la population serait aussi pertinente. De plus, la transposition d'un tel modèle à une analyse du ménage, au lieu de la personne, serait très intéressante.

Finalement, dans le cadre de réflexions visant à mettre en œuvre la durabilité en transport, l'utilisation d'un tel modèle pourrait permettre d'effectuer le suivi de la variabilité des comportements de la population. Ce suivi permettrait d'identifier si, à la suite de l'implantation d'une politique de développement durable, un changement réel dans les habitudes de comportements de la population est observé.

BIBLIOGRAPHIE

Aguiléra, A., Madre, J., & Mignot, D. (2005). *Les villes ont-elles achevé leur transition?* Paris: INRETS.

Ahern, A., Hine, J., & Begley, E. (2010). Transport for the elderly-What happens in rural areas? *Proceedings of the World Conference on Transport Research (WCTR), Lisbonne.*

Alsnih, R., & Hensher, D. (2003). The mobility and accessibility expectations of seniors in an aging population. *Transportation Research Part A*(3), 903-916.

Alsnih, R., & Hensher, D. (2005). *Travel behaviour of seniors in an aging population: an exploratory study of trip chains and modal preferences in the Greater Metropolitan Area of Sydney.* Sydney: The University of Sydney.

Armoogum, J., Madre, J., & Bussière, Y. (2009). Uncertainty in long term forecasting of travel demand from demographic modelling. *IATSS Research 33*(2), 9.

Bação, F., Lobo, V., & Painho, M. (2005). Self-organizing maps as substitutes for k-means clustering. *Computational Science–ICCS 2005*, 476-483.

Banister, D., & Bowling, A. (2004). Quality of life for the elderly: the transport dimension. *Transport policy, 11*(2), 11.

Basara, H., & Yuan, M. (2008). Community health assessment using self-organizing maps and geographic information systems. *International Journal of Health Geographics, 7*(1), 67.

Benlahrech, N., Le Ruyet, A., Livebardon, C., & Dejeammes, M. (2001). *La mobilité des personnes âgées: analyse des enquêtes ménages déplacements.* France: Centre d'études sur les réseaux, les transports, l'urbanisme et les constructions publiques (CERTU).

Bertaud, A. (2001). Metropolis: A Measure of the Spatial Organization of 7 Large Cities. *Unpublished Working Paper*, 22.

Blain, H., Vuillemin, A., Blain, A., & Jeandel, C. (2000). Les effets préventifs de l'activité physique chez les personnes agées. *Presse Med, 29*(22), 8.

Bodier, M. (1999). Les effets d'âge et de génération sur le niveau et la structure de la consommation. *Economie et statistique, 324*(1), 17.

Brog, W., Erl, E., & Glorius, B. (1998). Transport and the ageing of the population, European Conference of Ministers of Transport (ECMT), *CEMT Round Table No.112*, Paris.

Brog, W., Erl, E., & Glorius, B. (1998). Germany. Dans European Conference of Ministers of Transport (ed) *Transport and ageing of the Population: CEMT Round Table No.112*, (pp.43-143), Paris: OECD Publications Services.

Buliung, R., & Morency, C. (2010). "Seeing Is Believing": Exploring Opportunities for the Visualization of Activity–Travel and Land Use Processes in Space–Time. *Progress in Spatial Analysis*, 119-147.

Burgio, A., & Frova, L. (1995). Projections de mortalité par cause de décès: Extrapolation tendancielle ou modèle âge-période-cohorte. *Population (French Edition), 50*(4), 1031-1051.

Burkhardt, J., McGavock, A., & Nelson, C. (2002). *Improving public transit options for older persons, Volume 1: Handbook, & Volume 2: Final Report*, TCRP Report 82 Transportation Research Board, National Research Council, Washington D.C.

Burns, P. (1999). Navigation and the mobility of older drivers. *The Journals of Gerontology: Series B, 54*(1), 49.

Bush, S. (2003). *Forecasting 65+ travel: an integration of cohort analysis and travel demand modeling*. Ph.D, Massachusetts Institute of Technology, Boston, Ms., État-Unis.

Bussiere, J., & Madre, J. (2002). Démographie et transport: villes du Nord et villes du Sud. Paris : L'Harmattan.

Bussière, Y. (1990). Effet du vieillissement démographique sur la demande de transport dans la région métropolitaine de Montréal, 1986-2011. *Cahiers québécois de démographie, 19*(2), 325-350..

Bussière, Y., Armoogum, J., & Madre, J. (1996). Vers la saturation? Une approche démographique de l'équipement des ménages en automobile dans trois régions urbaines. *Population (French Edition), 51*(4), 955-977.

Bussière, Y., & Thouez, J. (2003). Demande de transport des personnes âgées à Montréal en 1998 et vieillissement. Dans Aguiléra, A., Madre, JL, et Mignot, D (dir), *Les villes ont-elles achevé leur transition* (pp. 233-244). Paris: Jouve.

Carrasco, J., & Miller, E. (2006). Exploring the propensity to perform social activities: a social network approach. *Transportation, 33*(5), 463-480.

Chapleau, R. (2002). Mobilité des personnes âgées à Montréal en 1993: Analyse désagrégée. Dans Bussières, Y et Madre, JL (dir), *Démographie et transport: Villes du Nord et villes du Sud* (pp. 129-145). Paris: L'Harmattan.

Chen, J., & Millar, W. (2000). Are recent cohorts healthier than their predecessors. *Health Reports, 11*(4), 9-24.

Collia, D., Sharp, J., & Giesbrecht, L. (2003). The 2001 national household travel survey: A look into the travel patterns of older Americans. *Journal of Safety Research, 34*(4), 461-470.

Dejoux, V., & Armoogum, J. (2010). The gap in term of mobility for disabled travellers in France. *Proceedings of the World Conference on Transport Research (WCTR), Lisbonne*, 10.

Dejoux, V., Buissière, Y., Madre, J., & Armoogum, J. (2010). Projection of the Daily Travel of an Ageing Population: The Paris and Montreal Case, 1975–2020. *Transport Reviews, 30*(4), 495-515.

Desharnais, M. (2009). *Caractérisation objective de la demande de transport adapté*. Ph.D, École Polytechnique de Montréal, Montréal, QC,. Canada.

Evans, E. (2001). Influences on mobility among non-driving older Americans. *Proceedings of the 1999 Transportation Research Board Conference, Personal Travel: The long and short of it*, Washington D.C.

Fine, J., & Fotso, S. (1989). Contribution à l'étude du modèle âge-période-cohorte. *Revue de statistique appliquée, 37*(3), 39-56.

Fonda, S., Wallace, R., & Herzog, A. (2001). Changes in driving patterns and worsening depressive symptoms among older adults. *Journals of Gerontology Series B: Psychological Sciences and Social Sciences, 56*(6), 343.

Frey, W. (2003). Boomers and seniors in the suburbs: Aging patterns in Census 2000. Washington, D.C: Brookings Institution.

Fu, W. J. (2000). Ridge estimator in singulah oesiun with application to age-period-cohort analysis of disease rates. *Communications in statistics-Theory and Methods, 29*(2), 263-278.

Gallez, C. (1994a). Identifying the long term dynamics of car ownership: a demographic approach. *Transport Reviews, 14*(1), 83-102.

Gallez, C. (1994b). *Modèles de projection à long terme de la structure du parc et du marché de l'automobile.* Ph.D, Sciences économiques de l'Université de Paris I, Paris, France.

Gallez, C. (1995). Une nouvelle perspective pour la projection à long terme des comportements d'équipement et de motorisation= A new method for long term projection of household vehicle ownership and the vehicle fleet. *Recherche, transports, sécurité*(48), 3-14.

Gillan, J., & Wachs, M. (1976). Lifestyles and transportation needs of the elderly in Los Angeles. *Transportation, 5*(1), 45-61.

Glenn, N. (1977). *Cohort analysis* (Vol. 1ère édition). Thousand Oaks, Calif. : Sage Publications.

Glenn, N. (2005). *Cohort analysis* (Vol. 2e édition). Thousand Oaks, Calif. : Sage Publications.

Golob, T., & Hensher, D. (2007). The trip chaining activity of Sydney residents: A cross-section assessment by age group with a focus on seniors. *Journal of Transport Geography, 15*(4), 298-312.

Guérin, S. (2008). *Habitat social et vieillissement: représentations, formes et liens.* Paris: Corlet.

Hakamies-Blomqvist, L. (2004). Safety of Older Persons in Traffic. *Proceedings of the Transportation in an Aging Society: A decade of experience, Bethesda, États-Unis* (pp.22-36). États-Unis: Transportation Research Board.

Hakamies-Blomqvist, L. (2006). Are there safe and unsafe drivers? *Transportation Research Part F: Traffic Psychology and Behaviour, 9*(5), 347-352.

Hakamies-Blomqvist, L., & Wahlström, B. (1998). Why do older drivers give up driving? *Accident Analysis and Prevention, 30*(3), 305-312.

Hardin, J. W., & Hilbe, J. (2001). *Generalized linear models and extensions.* College Station, Texas: Stata Press.

Heitgerd, J., & Virginia Lee, C. (2003). A new look at neighborhoods near National Priorities List sites. *Social Science & Medicine, 57*(6), 1117-1126.

Hensher, D. (2007). Some insights into the key influences on trip-chaining activity and public transport use of seniors and the elderly. *International Journal of Sustainable Transportation, 1*(1), 53-68.

Hensher, D., & Reyes, A. (2000). Trip chaining as a barrier to the propensity to use public transport. *Transportation, 27*(4), 341-361.

Hildebrand, E. (2003). Dimensions in elderly travel behaviour: A simplified activity-based model using lifestyle clusters. *Transportation, 30*(3), 285-306.

Hjorthol, R., Levin, L., & Sirén, A. (2010). Mobility in different generations of older persons:: The development of daily travel in different cohorts in Denmark, Norway and Sweden. *Journal of Transport Geography*, 10.

Hjorthol, R., & Sagberg, F. (1998). Changes in elderly persons' mode of travel. Dans European Conference of Ministers of Transport (ed) *Transport and ageing of the Population: CEMT Round Table No.112,* (pp.177-211), Paris: OECD Publications Services.

Kawaguchi, H., & Hagiwara, T. (2010). Travel characteristics of elderly persons and transition in transport system in Jakarta. *Proceedings of the 12th Conference on Mobility and Transport for Elderly and Disabled Persons (TRANSED), Hong Kong, China.* China: TRANSED.

Kopec, J. (1995). Concepts of disability: the activity space model. *Social Science & Medicine, 40*(5), 649-656.

Krakutovski, Z. (2004). *Améliorations de l'approche démographique pour la prévision à long terme de la mobilité urbaine.* PhD, Université de Paris XII, Paris, France.

Krakutovski, Z., & Armoogum, J. (2008). La mobilité quotidienne des Lillois à l'horizon 2030. *Population, 62*(4), 759-787.

Kupper, L., Janis, J., Karmous, A., & Greenberg, B. (1985). Statistical age-period-cohort analysis: a review and critique. *Journal of Chronic Diseases, 38*(10), 811-830.

Langford, J., & Oxley, J. (2006). Using the Safe System Approach to Keep Older Drivers Safely Mobile. *IATSS RESEARCH, 30*(2), 97.

LeBeau, J. (1987). The methods and measures of centrography and the spatial dynamics of rape. *Journal of Quantitative Criminology, 3*(2), 125-141.

Li, G., Braver, E., & Chen, L. (2003). Fragility versus excessive crash involvement as determinants of high death rates per vehicle-mile of travel among older drivers. *Accident Analysis & Prevention, 35*(2), 227-235.

Maoh, H., Kanaroglou, P., Scott, D., Paez, A., & Newbold, B. (2009). IMPACT: An integrated GIS-based model for simulating the consequences of demographic changes and population ageing on transportation. *Computers, Environment and Urban Systems, 33*(3), 200-210.

Marcellini, F., Gagliardi, C., & Leonardi, F. (1998). The aging population and transport: a new balance between demand and supply. In European Conference of Ministers of Transport (ed) *Transport and ageing of the Population: CEMT Round Table No.112,* (pp.143-177), Paris: OECD Publications Services.

Marottoli, R., de Leon, C., Glass, T., Williams, C., Cooney Jr, L., & Berkman, L. (2000). Consequences of driving cessation: decreased out-of-home activity levels. *Journals of Gerontology Series B: Psychological Sciences and Social Sciences, 55*(6), 334.

Mason, K., Mason, W., Winsborough, H., & Poole, W. (1973). Some methodological issues in cohort analysis of archival data. *American Sociological Review, 38*(2), 242-258.

Mason, W., & Fienberg, S. (1985). *Cohort analysis in social research: beyond the identification problem.* New York: Springer.

McCullagh, P., & Nelder, J. A. (1989). *Generalized linear models.* London: Chapman and Hall.

McGucking, N., & Liss, S. (2005). Aging cars, Aging drivers: Important findings from the National Household Travel Survey. *ITE Journal, 75*(9), 30-32.

Mercado, R., & Miller, E. (2011). Investigating changes in travel behaviour of the older population in the greater Toronto and Hamilton area, 1986-2006. *Proceedings of the 2001 Transportation Research Board 90th Annual Meeting,* Washington. D.C.

Mercado, R. G., & Páez, A. (2008). Determinants of distance traveled with a focus on the elderly: a multilevel analysis in the Hamilton CMA, Canada. *Journal of Transport Geography, 17*(1), 65-76.

Metz, D. (2000). Mobility of older people and their quality of life. *Transport policy, 7*(2), 149-152.

Miller, H. (2005). A measurement theory for time geography. *Geographical analysis, 37*(1), 17-45.

Morency, C., & Chapleau, R. (2007). Mobilité changeante des personnes âgées dans une région urbaine: 15 ans d'observation à Montréal. *11e Conférence internationale sur la mobilité et le transport des personnes âgées ou à mobilité réduite.*

Morency, C., Chapleau, R. (2008). Age and its relation with home location, household structure and travel behaviors. Proceedings of the 87th Annual Meeting of the Transportation Research Board, paper 08-1260.

Morency, C., Demers, M., & Lapierre, L. (2007). How Many Steps Do You Have in Reserve?: Thoughts and Measures About a Healthier Way to Travel. *Transportation Research Record: Journal of the Transportation Research Board, 2002*(-1), 12.

Morency, C., Roorda, M., & Demers, M. (2009). Steps in Reserve. *Transportation Research Record: Journal of the Transportation Research Board, 2140*(-1), 111-119.

Nemet, G., & Bailey, A. (2000). Distance and health care utilization among the rural elderly. *Social Science & Medicine, 50*(9), 1197-1208.

Newbold, K., Scott, D., Spinney, J., Kanaroglou, P., & Paez, A. (2005). Travel behavior within Canada's older population: a cohort analysis. *Journal of Transport Geography, 13*(4), 340-351.

Newsome, T., Walcott, W., & Smith, P. (1998). Urban activity spaces: Illustrations and application of a conceptual model for integrating the time and space dimensions. *Transportation, 25*(4), 357-377.

OCDE. (2001). *Ageing and Transport. Mobility Needs and Safety Issues*, OECD Publications, Paris, France (2001).

Owsley, C. (2004). Driver capabilities. *Proceedings of the Transportation in an Aging Society: A decade of experience, Bethesda, États-Unis* (pp. 44-56) États-Unis: Transportation Research Board.

Oxley, J., Fildes, B. N., & Dewar, R. E. (2004). Safety of Older Pedestrians. *Proceedings of the Transportation in an Aging Society: A decade of experience, Bethesda, États-Unis* (pp. 167-192) États-Unis: Transportation Research Board.

Oxley, P. (1998). United Kindgom. Dans European Conference of Ministers of Transport (ed) *Transport and ageing of the Population: CEMT Round Table No.112*, (pp.211-243), Paris: OECD Publications Services.

Paez, A., Mercado, R., Farber, S., Morency, C., & Roorda, M. (2010). Accessibility to health care facilities in Montreal Island: an application of relative accessibility indicators from the perspective of senior and non-senior residents. *International Journal of Health Geographics, 9*(1), 52.

Pàez, A., Mercado, R., Farber, S., Morency, C., & Roorda, M. (2009). *Mobility and social exclusion in Canadian communities: An empirical investigation of opportunity access and deprivation from the perspective of vulnerable groups* (HS28-23/2005E). Gatineau: HRSDC.

Pàez, A., & Schwanen, T. (2010). The mobility of older people-an introduction. *Journal of Transport Geography, 18*(5), 591-668.

Pàez, A., Scott, D., Potoglu, D., Kanaroglu, P., & Newbold, B. (2007). Elderly Mobility: Demographic and Spatial Analysis of Trip Making in the Hamilton CMA, Canada. *Urban Studies, 44*(1), 1-24.

Petersen, J., Gibin, M., Longley, P., Mateos, P., Atkinson, P., & Ashby, D. (2010). Geodemographics as a tool for targeting neighbourhoods in public health campaigns. *Journal of Geographical Systems*, 1-20.

Pettersson, P., & Schmöcker, J. (2010). Active ageing in developing countries? Trip generation and tour complexity of older people in Metro Manila. *Journal of Transport Geography*, 11.

Pochet, P. (1997). *Les personnes âgées*. Paris: Caroo Descamps.

Pochet, P. (2003). Mobilité et accès à la voiture chez les personnes âgées: Evolutions actuelles et enjeux *Recherche Transports Sécurité, 79*, 93–106.

Pochet, P. (2005). *Mobilité quotidienne et accès à la voiture chez les citadins âgés: évolutions et enjeux*. Dans Aguiléra, A., Madre, JL, et Mignot, D (dir), *Les villes ont-elles achevé leur transition* (pp. 193-212). Paris: Jouve.

Richardson, A. J. (2006). An Alternative Measure of Household Structure and Stage in Life Cycle for Transport Modeling. *Transportation Research Record: Journal of the Transportation Research Board*, 17.

Rosenbloom, S. (1998). United States. Dans European Conference of Ministers of Transport (ed) *Transport and ageing of the Population: CEMT Round Table No.112,* (pp.5-43), Paris: OECD Publications Services.

Rosenbloom, S. (1999). Mobility of the Elderly: Good News and Bad News. *Transportation in an Aging Society: A decade of experience, Bethesda, Maryland* (pp. 3-21).

Rosenbloom, S. (2001). Sustainability and automobility among the elderly: An international assessment. *Transportation, 28*(4), 375-408.

Rosenbloom S (2003) The mobility needs of older Americans: implications for transportation reauthorisation. Brookings Institution series on transportation reform. Center on Urban and Metropolitan Policy, Washington D.C.

Rosenbloom, S., & Ståhl, A. (2002). Automobility among the Elderly. *EJTIR*, *2*(3/4), 197-213.

Sala, C. (2009). *Contribution du modèle Age-Période-Cohorte à l'étude de l'épizootie d'Encéphalopathie Spongiforme Bovine en France et en Europe.* (Ph.D). Agence Française de Sécurité Sanitaire des Aliments, Lyon, France.

Schaie, K., & Pietrucha, M. (2000). *Mobility and transportation in the elderly.* New York: Springer.

Schönfelder, S., & Axhausen, K. (2003). Activity spaces: measures of social exclusion? *Transport policy, 10*(4), 273-286.

Scott, D., Newbold, K., Spinney, J., Mercado, R., Paez, A., & Kanaroglou, P. (2005). *Changing mobility of elderly urban Canadians, 1992-1998.* Hamilton, On., Canada: Centre for Spatial Analysis.

Séguin, A., Apparicio, P., & Negron, P. (2008). *Évolution de la distribution spatiale de la population âgée dans huit métropoles: une ségrégation qui s'amenuise.* Montréal: Centre Urbanisation Culture Société (INRS).

Skinner, D., and Stearns, M. D. (January 1999). Safe mobility in an aging world. Washington, DC: John A. Volpe National Transportation Systems Center, Research and Special Programs Administration, U.S. Department of Transportation.

Smiley, A. (1999). Adaptive strategies of older drivers. *Proceedings of the Transportation in an Aging Society: A decade of experience, Bethesda, États-Unis* (pp. 36-44) États-Unis: Transportation Research Board.

Smith, H. (2008). Advances in Age-Period-Cohort Analysis. *Sociological Methods & Research, 36*(3), 287-296.

Spielman, S., & Thill, J. (2008). Social area analysis, data mining, and GIS. *Computers, Environment and Urban Systems, 32*(2), 110-122.

STATA: Documentation du logiciel

Stutts, J., & Potts, I. (2006). Gearing up for an aging population. *Public Roads, 69*(6), 8.

Suen, S., & Sen, L. (1999). Mobility options for seniors. *Proceedings of the Transportation in an Aging Society: A decade of experience, Bethesda, États-Unis* (pp. 97-114) États-Unis: Transportation Research Board.

Sun, Y., Wang, J., Huang, Z., & Kitamura, R. (2011). Automobility cohort, period, age and residence area effets on urban travel: a case study of Kyoto-Osaka-Kobe Metropolitan area of Japan. *TRB Annual Meeting*, 16.

Tacken, M. (1998). Mobility of the elderly in time and space in the Netherlands: An analysis of the Dutch National Travel Survey. *Transportation, 25*(4), 379-393.

Thibault N (dir). (2009). *Perspectives démographiques du Québec et des régions 2006-2056*. Québec (ISBN 978-2-550-56456-0), Québec: Institut de la Statistique du Québec.

TRB. (1988). *Transportation in an aging society: improving mobility and safety for older persons (Special Report 218)*. Washington D.C: Transportation Research Board (TRB).

TRB. (2001). Critical Issues in Transportation. *TR News 217, 12*, 3-11.

TRB. (2009). Transit operations for individuals with disabilities *Transportation Research, 9*, 52.

Valiquette, F. (2010). Typologie des chaînes de déplacements et modélisation descriptive des systèmes d'activités des personnes. M.Sc.A. École Polytechnique de Montréal, Qc., Canada.

Vandeschrick, C. (1992). Le diagramme de Lexis revisité. *Population (French Edition), 47*(5), 1241-1262.

Whelan, M., Langford, J., Oxley, J., Koppel, S., & Charlton, J. (2006). *The elderly and mobility: a review of the literature* (255). Victoria: Monash University Accident Research Centre.

Yang, Y. (2005). *New avenues for cohort analysis in social research*. Ph.D, Duke University, Durham, NC, USA.

Yang, Y. (2006). Age/Period/Cohort Distinctions. *Encyclopedia of Health and Aging*, 3.

Yang, Y. (2008). Trends in US adult chronic disease mortality, 1960–1999: age, period, and cohort variations. *Demography, 45*(2), 387.

Yang, Y., Fu, W., & Land, K. (2004). A Methodological Comparison of Age Period Cohort Models: The Intrinsic Estimator and Conventional Generalized Linear Models. *Sociological Methodology, 34*(1), 75-110.

Yang, Y., Schulhofer-Wohl, S., Fu, W., & Land, K. (2008). The Intrinsic Estimator for Age-Period-Cohort Analysis: What It Is and How to Use It. *American Journal of Sociology, 113*(6), 1697-1736.

ANNEXES

ANNEXE 1 – Modification des secteurs de résidence pour l'analyse des déplacements

Tableau 7-1 : Modification des secteurs de résidence (sdomi) pour l'analyse des déplacements

Numéro du secteur de résidence original	Agrégé avec le secteur de résidence :
65	62
44	33
25	4
26	4
23	5
2	1
56	53
56	53
14	13
15	13
50	49
35	34
36	34
38	37
40	39
41	39

ANNEXE 2 – Modification des secteurs de résidence pour l'analyse des personnes

Tableau 7-2 : Modification des secteurs de résidence (sdomi) pour l'analyse des personnes

Numéro du secteur de résiden original	Agrégé avec le secteur de résidence :
41	40
35	36
25	26
15	13
43	44

ANNEXE 3 – Pondération de la variable dépendante

Comme énoncé dans le chapitre 5, il existe deux pondérations possibles de la variable dépendante dans STATA : pondération ou poids. Cette section vise à vérifier l'impact de ces pondérations sur l'estimation du modèle ainsi qu'à évaluer la pertinence d'utiliser une base de données désagrégée. Pour ce faire, trois modèles ont été estimés. Le premier modèle Motor_agr (Tableau 7-3) utilise une base de données agrégée (nombre d'automobiles par regroupement APC) avec facteur d'exposition (population). Le deuxième modèle Motor_des1 (Tableau 7-4) utilise une base de données désagrégée avec facteur d'exposition. La variable dépendante représente donc le taux d'accès à l'automobile individuel de la personne, mais pondéré selon son poids dans la population (taux d'accès*facteur de pondération). Le facteur d'exposition correspond au poids de la personne dans la population. Le troisième modèle (Tableau 7-5) utilise une base de données désagrégée avec le taux d'accès à l'automobile de chaque personne comme variable dépendante et un poids qui correspond à son poids dans la population (facteur de pondération).

Le Tableau 7-6 présente les résultats d'estimation des différents modèles. Il n'y a pas de différences entre les trois modèles alors que la valeur des coefficients est similaire. L'analyse de la significativité des coefficients (p>z) démontre que l'utilisation de base de données désagrégée diminue le nombre de coefficients non-significatifs. En effet, le modèle agrégé (Motor_agr) a identifié quatre cohortes comme étant non-significatives (cohorte 1897, 1902, 1912 et 1917) comparativement à deux pour les modèles désagrégés (cohorte 1897 et 1917). L'utilisation de la pondération par poids semble aussi légèrement augmenter la significativité des coefficients (en diminuant la valeur p>z), même si l'effet des cohortes de 1897 et 1917 demeure non-significatif à 0.05.

Cette option sera retenue pour l'identification des effets pour les modèles APC. Une diminution de la déviance est aussi observée entre les modèles utilisant une base de données agrégée et désagrégée. Par conséquent, la déviance semble sensible au nombre d'observations utilisées par le modèle.

Tableau 7-3 : Base de données agrégée

période	âge	cohorte	accès-auto	facteur d'exposition (population)
1987	65	1922	44465	115163
1987	70	1917	25950	82221
1987	75	1912	11877	50976
1987	80	1907	4927	28862

Tableau 7-4 : Base de données désagrégée avec facteur d'exposition

numéro d'obs	période	âge	cohorte	Accèsauto (accès*facteur pondération)	facteur d'exposition (poids de la personne)
1	2002	70	1932	47.93	47.93
2	2002	70	1932	15.92	31.84
3	2002	70	1932	0	39.05
4	2002	75	1927	0	45.14

Tableau 7-5 : Base de données désagrégée avec poids

no. d'obs	période	âge	cohorte	acces-auto	Poids (poids de la personne)
1	2002	70	1932	1	47.93

2	2002	70	1932	0.5	31.84
3	2002	70	1932	0	39.05
4	2002	75	1927	0	45.14
5	2002	75	1927	0	16.6

Tableau 7-6 : Comparaison des effets APC estimés par GLM pour le taux d'accès à l'automobile

Nom	Motor_agr		Motor_des1		Motor_des2	
Données	Agrégées		Désagrégées		Désagrégées	
Modèle	IE		IE		IE	
Nb d'obs	30		76345		76345	
Degrés lib	12		76327		76327	
1/df Déviance	43.87		10.34		10.34	
Distribution	Poisson		Poisson		Poisson	
Par.d'échelle	Déviance		Déviance		Déviance	
Lien	log		log		log	
Pondération	exposition		exposition		poids	
Var.dep	Taux d'accès		Taux d'accès		taux d'accès	
Filtre	en excluant les accès_auto>2					
variables explicatives	Coefficient	p>z	Coefficient	p>z	Coefficient	p>z
age_65	0.338	0.000	0.338	0.000	0.338	0.000
age_70	0.226	0.000	0.226	0.000	0.226	0.000
age_75	0.072	0.000	0.072	0.000	0.072	0.000
age_80	-0.085	0.001	-0.085	0.000	-0.085	0.000
age_85	-0.215	0.000	-0.215	0.000	-0.215	0.000
age_90	-0.336	0.000	-0.336	0.000	-0.336	0.000
periode_1987	-0.250	0.000	-0.250	0.000	-0.250	0.000
periode_1992	-0.104	0.000	-0.104	0.000	-0.104	0.000
periode_1997	0.035	0.017	0.035	0.000	0.035	0.000
periode_2002	0.123	0.000	0.123	0.000	0.123	0.000
periode_2007	0.195	0.000	0.195	0.000	0.195	0.000
cohorte_1897	-0.031	0.855	-0.031	0.725	-0.031	0.683
cohorte_1902	-0.220	0.060	-0.220	0.000	-0.220	0.000

cohorte_1907	-0.173	0.034	-0.173	0.000	-0.173	0.000
cohorte_1912	-0.085	0.155	-0.085	0.006	-0.085	0.005
cohorte_1917	0.019	0.664	0.019	0.403	0.019	0.372
cohorte_1922	0.078	0.006	0.078	0.000	0.078	0.000
cohorte_1927	0.103	0.000	0.103	0.000	0.103	0.000
cohorte_1932	0.114	0.000	0.114	0.000	0.114	0.000
cohorte_1937	0.106	0.000	0.106	0.000	0.106	0.000
cohorte_1942	0.090	0.041	0.090	0.000	0.090	0.000
constante	-1.148	0.000	-1.148	0.000	-1.148	0.000

ANNEXE 4 – Entrecroisement des données

L'entrecroisement des trajectoires des cohortes n'est pas permis dans une analyse APC. Une comparaison des données longitudinales de l'enquête OD (Figure 7-2) et des données modélisées (Figure 7-1) permet de mieux comprendre la raison de cette erreur et de démontrer l'un des problèmes des modèles âge-période-cohorte. En effet, les cohortes 1902, 1907 et 1917 affichent des tendances qui ne sont pas parallèles, surtout rendues à 90 ans. Le terme parallèle fait référence au fait que les trajectoires des différentes cohortes s'entrecroisent vers 85 et 90 ans (entrecroisement des données). De telles tendances ne peuvent être modélisées correctement par un modèle âge-période-cohorte car la principale hypothèse est le parallélisme de la trajectoire des différentes cohortes, le caractère additif et fixe du modèle APC ne permet pas de modéliser un renversement des tendances à l'âge de 90 ans pour seulement quelques cohortes. Les limitations des modèles sont bien visibles dans les données modélisées alors qu'un parallélisme des courbes est modélisé au lieu de l'entrecroisement des données observées.

Après analyse des données désagrégées, il a été remarqué que plusieurs individus ont des valeurs très élevées de taux d'accès à l'automobile, allant jusqu'à 14 automobiles. Étant donné l'importance du nombre de personnes ayant accès à deux automobiles sur l'échantillon total (près de 325 personnes), le maximum du taux d'accès à l'automobile a été établi à deux. Les personnes ayant plus de deux (126 personnes) ne seraient pas intégrées dans l'identification des effets.

Les Figure 7-1 et Figure 7-2 présente une analyse longitudinale du taux d'accès à l'automobile sans les personnes ayant un taux d'accès supérieur à deux. L'analyse cette figure démontre que supprimer les données extrêmes, dans ce cas-ci, permet d'éliminer la problématique de l'entrecroisement. La Figure 7-3 présente l'analyse longitudinale sans taux d'accès à l'automobile supérieur à deux.

L'impact de ces données extrêmes sur l'identification des effets APC est relativement important. La Figure 7-4 présente la comparaison du modèle estimé avec données extrêmes et celui sans pour le taux d'accès à l'automobile (voir Tableau 7-7 pour coefficients). Des différences importantes au niveau des effets bruts de l'âge et de la cohorte sont observées. En effet, une diminution de l'ampleur de l'âge ainsi qu'une stabilisation des effets cohortes est estimé par le modèle sans données extrêmes ce qui semble préférable.

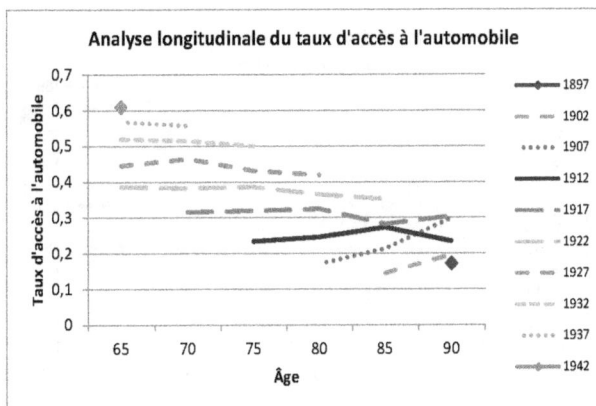

Figure 7-2 : Analyse longitudinale du taux d'accès à l'automobile

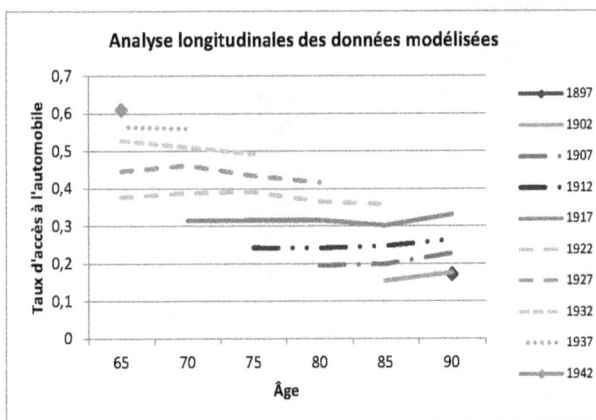

Figure 7-1 : Analyse longitudinale du taux d'accès à l'automobile modélisé

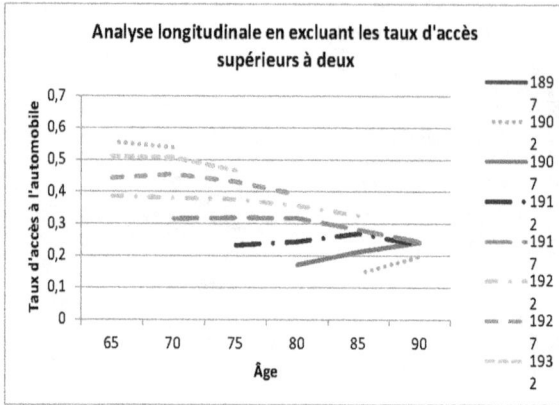

Figure 7-3 : Analyse longitudinale du taux d'accès à l'automobile en excluant les données supérieures à deux.

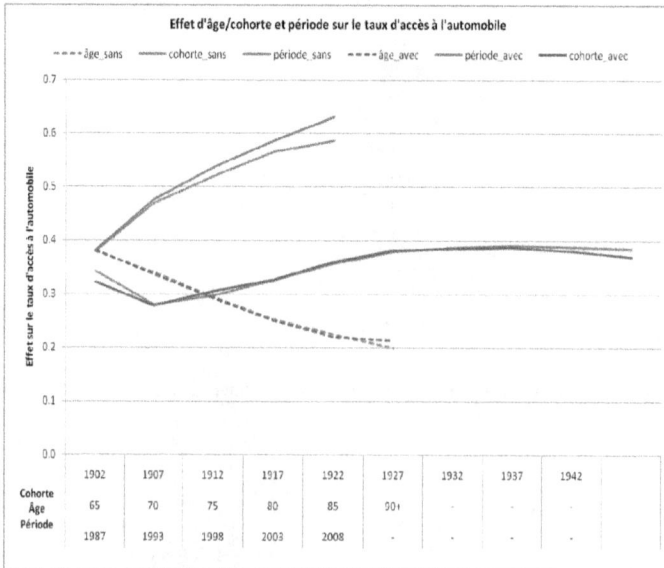

Figure 7-4 : Effets bruts APC pour le taux d'accès à l'automobile : comparaison avec et sans données extrêmes

Tableau 7-7 : Comparaison des effets APC estimés par GLM pour le taux d'accès à l'automobile

Nom	IE1_avec		IE2_sans	
Données	Désagrégées		Désagrégées	
Nb d'obs	1923714		802366	
Degrés lib	1811616		802348	
1/df Déviance	0.41		0.4	
Distribution	Poisson		Poisson	
Lien	log		log	
Pondération	poids		poids	
Var.dep	acces auto		acces auto	
Filtre			acces-auto<2	
variables explicatives	Coefficient	p>z	Coefficient	p>z
age_65	0.3231408	0	0.3237777	0
age_70	0.1994767	0	0.2147679	0
age_75	0.055388	0	0.0680932	0
age_80	-0.0955187	0	-0.083998	0
age_85	-0.2260232	0	-0.2035944	0
age_90	-0.2564635	0	-0.3190463	0
periode_1987	-0.2989331	0	-0.2712702	0
periode_1992	-0.0779293	0	-0.0599579	0
periode_1997	0.0430137	0	0.0433042	0
periode_2002	0.1292606	0	0.1264165	0
periode_2007	0.2045881	0	0.1615073	0
cohorte_1897	-0.0779976	0.342	-0.0246879	0.755
cohorte_1902	-0.2239297	0	-0.2256181	0
cohorte_1907	-0.1298291	0.001	-0.1680029	0
cohorte_1912	-0.0615029	0.037	-0.0780583	0.006
cohorte_1917	0.0371625	0.074	0.0170263	0.399
cohorte_1922	0.0924885	0	0.0780827	0
cohorte_1927	0.1038135	0	0.0980805	0
cohorte_1932	0.1099781	0	0.1086651	0
cohorte_1937	0.0904894	0	0.1013665	0

cohorte_1942	0.0593272	0.005	0.0931462	0
constante	-1.080083	0	-1.098473	0

ANNEXE 5 – Comparaison IE et GLM

Cette section est une comparaison entre le modèle GLM et le modèle IE afin de choisir lequel sera utilisé pour effectuer l'identification des effets APC. La confrontation entre les deux modèles permettra aussi de présenter la problématique de la contrainte dans les modèles GLM. Par conséquent, six modèles GLM avec une contrainte différente ont été estimés :

- GLM1 : cohorte 1902= cohorte 1907

- GLM2 : période 1992 = période 1997

- GLM3 : âge 85= âge 90

- GLM4 : cohorte 1942=cohorte 1937 (utilisé dans la section précédente)

- GLM5 : période 2007= période 2002

- GLM6 : âge 70 = âge 75

Les trois premiers modèles imposent des contraintes aux APC les plus âgées : plus vieilles cohortes, plus vieille période et plus vieil âge et sont présentés dans le Tableau 7-9. Les trois derniers modèles imposent des contraintes sur les plus jeunes APC et sont présentés dans le Tableau 7-10. Les tableaux présentent seulement les coefficients et la valeur p>z afin d'évaluer la significativité des variables. Le modèle IE utilisé est présenté dans le Tableau 7-11.

Les Figure 7-6, Figure 7-5, et Figure 7-7 présentent la comparaison des différents effets d'âge/période/cohortes bruts pour les sept modèles. La première constatation qui ressort d'une analyse des différents effets bruts est qu'ils sont très variables, autant en ampleur qu'en tendance. En effet, un modèle a décomposé une hausse du taux d'accès à l'automobile avec l'âge (GLM6), un autre une stabilité (GLM2) et les quatre autres ont estimé une baisse. Cette variabilité des tendances modélisées est aussi applicable aux effets de période et de cohortes.

La comparaison des différentes tendances doit se faire par rapport aux hypothèses qui ont été prises suite à l'analyse des données transversales et longitudinales. Dans le cas du taux d'accès à l'automobile, les tendances hypothétiques sur les effets APC sont :

- Diminution de la motorisation avec l'âge

- Augmentation de la motorisation pour les cohortes les plus vieilles et stabilisation pour les cohortes les plus jeunes

- Augmentation de la motorisation à travers les périodes

L'analyse des effets bruts selon les différents modèles démontre que les tendances sont très variables et souvent contraires à ce qui est supposé. Tout d'abord, pour l'effet d'âge, alors que plusieurs modèles ont modélisé une stabilisation de la motorisation en vieillissant, seulement les modèles GLM1, GLM3, GLM4, l'IE et dans une moindre mesure GLM5, à cause de son effet d'âge à 90 ans, semblent concorder avec nos hypothèses. Pour l'effet de cohorte, seulement le GLM4, GLM5 et l'IE ont réussi à modéliser la saturation de la motorisation chez les cohortes les plus récentes. Le modèle GLM1 a même modélisé une diminution de la motorisation pour les cohortes les plus récentes. Les autres modèles ont modélisé une augmentation continue de l'effet cohorte. Pour l'effet de période, les modèles GLM1, GLM3, GLM4 et GLM5 ont réussi à modéliser correctement les effets de période. Le Tableau 7-8 récapitule la concordance des différentes tendances modélisées et les hypothèses provenant de l'analyse descriptive. Le noir correspond à une concordance, le blanc à une discordance. En somme, les modèles GLM4,

GLM5 et IE sont ceux qui sont identifiés comme meilleurs en ce qui a trait aux tendances modélisées.

En second lieu, une analyse rapide de la significativité des coefficients estimés démontre de plus que plusieurs modèles ont la majorité des coefficients estimés qui sont non-significatifs. Plus précisément, la totalité des coefficients estimés pour le modèle GLM1 n'est pas significative. Les modèles GLM4, GLM5 et IE qui représententaient correctement les tendances ont presque la moitié de leurs coefficients qui sont décrits comme non significatifs.

Par conséquent, le modèle IE semble supérieur au modèle GLM parce que plus fiable, plus rapide et identifiant correctement les effets APC. Ces conclusions sur la supériorité du modèle IE sont transposables à toutes les autres tendances étudiées.

Tableau 7-8 : Concordance des tendances avec les hypothèses

Modèle	Âge	Période	Cohorte
IE	■	■	■
GLM1 (c1902=c1907)	■	■	
GLM2 (p1992=p1997)			■
GLM3 (a85=a90)			■
GLM4 (c1942=c1937)	■	■	■
GLM5 (p2007=p2002)	■	■	■
GLM6 (a70=a75)			■

Effets de période: comparaison entre les modèles

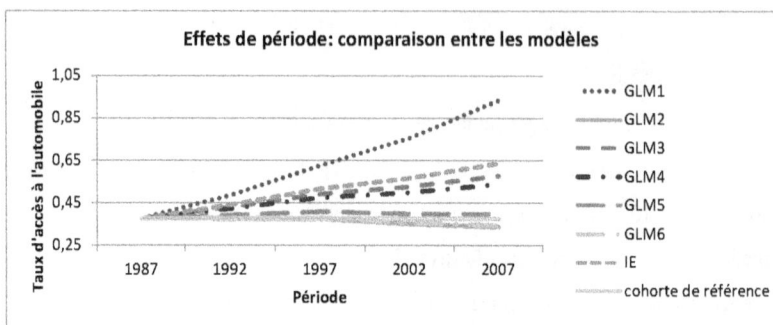

Figure 7-7 : Effets de période : comparaison entre les modèles

Effets d'âge: comparaison entre les modèles

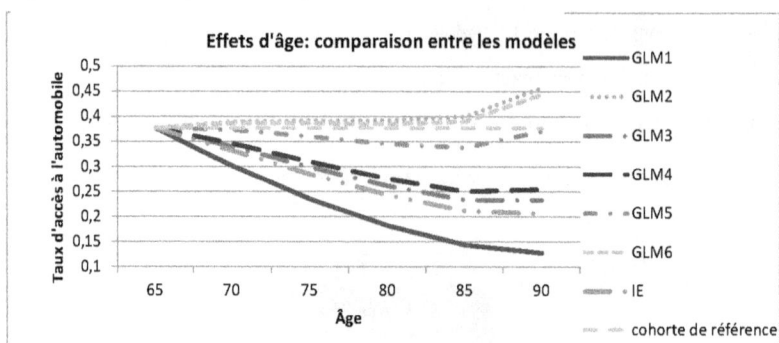

Figure 7-6 : Effet d'âge, comparaison entre les modèles

Effets de cohorte: comparaison entre les modèles

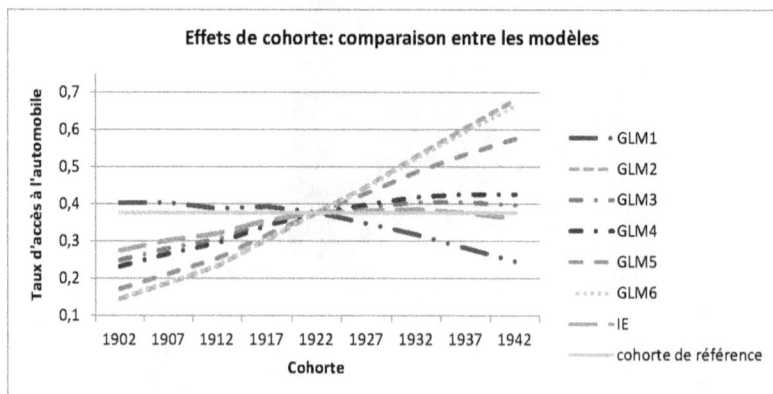

Figure 7-5 : Effets de cohorte : comparaison entre les modèles

Tableau 7-9 : Comparaison des effets APC estimés par GLM pour le taux d'accès à l'automobile

Modèle	GLM1 (1902=1907)		GLM2 (1992=1997)		GLM3 (85=90)	
Nb d'obs	30		30		30	
Degrés lib	12		12		12	
Déviance	43.45		43.45		43.45	
Distribution	Poisson		Poisson		Poisson	
Par.d'échelle	Pearson		Pearson		Pearson	
Lien	log		log		log	
Var.dep	Taux d'accès		Taux d'accès		Taux d'accès	
Fac.d'exp	exposition		exposition		exposition	
Var exp	Coefficient	p>z	Coefficient	p>z	Coefficient	p>z
age_65	ref	ref	ref	ref	ref	ref
age_70	-0.223	0.139	0.033	0.307	-0.102	0.221
age_75	-0.472	0.115	0.039	0.493	-0.231	0.160
age_80	-0.726	0.107	0.039	0.627	-0.365	0.137
age_85	-0.961	0.106	0.060	0.590	-0.480	0.168
age_90	-1.081	0.145	0.194	0.183	-0.480	0.168
periode_1987	ref	ref	ref	ref	ref	ref
periode_1992	0.253	0.096	-0.002	0.962	0.133	0.125
periode_1997	0.508	0.089	-0.002	0.962	0.267	0.105
periode_2002	0.696	0.120	-0.070	0.388	0.335	0.172
periode_2007	0.909	0.128	-0.112	0.290	0.428	0.190
cohorte_1897	ref	ref	ref	ref	ref	ref
cohorte_1902	-0.225	0.552	0.030	0.920	-0.105	0.720
cohorte_1907	-0.225	0.552	0.285	0.310	0.015	0.958
cohorte_1912	-0.264	0.610	0.501	0.076	0.097	0.765
cohorte_1917	-0.252	0.698	0.768	0.008	0.229	0.541
cohorte_1922	-0.293	0.709	0.982	0.001	0.308	0.477
cohorte_1927	-0.375	0.686	1.156	0.000	0.347	0.490
cohorte_1932	-0.463	0.666	1.323	0.000	0.379	0.509
cohorte_1937	-0.583	0.632	1.457	0.000	0.379	0.558
cohorte_1942	-0.721	0.597	1.575	0.000	0.361	0.617

| constante | | -0.683 | 0.385 | -1.959 | 0.000 | -1.284 | 0.003 |

Tableau 7-10 : Comparaison des effets APC estimés par GLM pour le taux d'accès à l'automobile

Modèle	GLM4 (1942=1937)		GLM5(2007=2002)		GLM6 (70=75)	
Nb d'obs	30		30		30	
Degrés lib	12		12		12	
Déviance	43.45		43.45		43.45	
Distribution	Poisson		Poisson		Poisson	
Par.d'échelle	Pearson		Pearson		Pearson	
Lien	log		log		log	
Var.dep	Taux d'accès		Taux d'accès		Taux d'accès	
Fac.d'exp	Population		Population		Population	
Var exp	Coefficient	p>z	Coefficient	p>z	Coefficient	p>z
age_65	ref	ref	ref	ref	ref	ref
age_70	-0.085	0.008	-0.009	0.724	0.026	0.455
age_75	-0.196	0.003	-0.045	0.334	0.026	0.455
age_80	-0.313	0.002	-0.087	0.214	0.021	0.776
age_85	-0.410	0.003	-0.108	0.264	0.035	0.729
age_90	-0.392	0.027	-0.016	0.906	0.164	0.226
periode_1987	ref	ref	ref	ref	ref	ref
periode_1992	0.115	0.011	0.040	0.299	0.004	0.920
periode_1997	0.232	0.001	0.082	0.137	0.010	0.857
periode_2002	0.282	0.008	0.056	0.496	-0.051	0.484
periode_2007	0.358	0.006	0.056	0.496	-0.087	0.356
cohorte_1897	ref	ref	ref	ref	ref	ref
cohorte_1902	-0.087	0.769	-0.012	0.967	0.024	0.936
cohorte_1907	0.050	0.859	0.201	0.471	0.273	0.329
cohorte_1912	0.149	0.606	0.375	0.180	0.483	0.087
cohorte_1917	0.299	0.321	0.600	0.035	0.744	0.009
cohorte_1922	0.395	0.213	0.772	0.008	0.952	0.001
cohorte_1927	0.452	0.179	0.904	0.003	1.119	0.000
cohorte_1932	0.501	0.160	1.029	0.001	1.280	0.000

cohorte_1937	0.519	0.178	1.122	0.001	1.409	0.000
cohorte_1942	0.519	0.178	1.197	0.000	1.520	0.000
constante	-1.372	0.000	-1.749	0.000	-1.928	0.000

Tableau 7-11 : Identification effets APC estimés par IE pour le taux d'accès à l'automobile

Modèle IE					
Nb d'obs	30				
Degrés lib	12				
Déviance	43.45				
Distribution	Poisson				
Par.d'échelle	Pearson				
Lien	log				
Var.dep	Taux d'accès				
Fac.d'exp	Population				
RÉSULTATS DE L'ESTIMATION					
variables explicatives	Coefficient	Std erreur	Z	p>z	95% int.confiance	
age_65	0.337	0.037	9.000	0.000	0.264	0.410
age_70	0.210	0.025	8.360	0.000	0.161	0.260
age_75	0.057	0.021	2.760	0.006	0.017	0.098
age_80	-0.101	0.028	-3.660	0.000	-0.155	-0.047
age_85	-0.240	0.043	-5.630	0.000	-0.323	-0.156
age_90	-0.264	0.059	-4.440	0.000	-0.381	-0.148
period_1987	-0.281	0.034	-8.340	0.000	-0.347	-0.215
period_1992	-0.124	0.023	-5.370	0.000	-0.170	-0.079
period_1997	0.035	0.016	2.230	0.026	0.004	0.066
period_2002	0.127	0.020	6.230	0.000	0.087	0.166
period_2007	0.244	0.034	7.280	0.000	0.178	0.309

cohort_1897	-0.092	0.181	-0.510	0.612	-0.447	0.263
cohort_1902	-0.221	0.124	-1.780	0.075	-0.464	0.022
cohort_1907	-0.125	0.086	-1.450	0.146	-0.294	0.044
cohort_1912	-0.068	0.064	-1.070	0.287	-0.193	0.057
cohort_1917	0.040	0.045	0.890	0.371	-0.048	0.128
cohort_1922	0.095	0.030	3.170	0.002	0.036	0.153
cohort_1927	0.109	0.019	5.680	0.000	0.072	0.147
cohort_1932	0.117	0.017	6.890	0.000	0.084	0.150
cohort_1937	0.093	0.027	3.420	0.001	0.040	0.146
cohort_1942	0.051	0.046	1.100	0.270	-0.040	0.142
_cons	-1.127	0.030	-37.040	0.000	-1.187	-1.068

ANNEXE 6 – Méthodologie de dérivation des statuts

L'analyse des résidus ayant démontré la pertinence d'intégrer le statut à la modélisation, un problème apparait dans la mesure où aucune donnée n'est disponible pour les enquêtes antérieures à 2003. Par conséquent, une méthode de dérivation des statuts basée sur le déplacement a été appliquée à toutes les enquêtes. Cette méthode ainsi que la définition des statuts est présentée dans le Tableau 7-12.

Tableau 7-12 : Méthode de dérivation des statuts

Statut	Méthode de dérivation
Travailleurs (1)	Si 1+ déplacement à motif travail
Étudiants (2)	Si 1+ déplacement à motif études. Si déplacements études et travail, le statut travailleur est attribué (1 observation)
Retraités (3)	Si aucun déplacement à motif travail ou études
Non-mobiles (4)	Si aucun déplacement

Une comparaison entre le statut déclaré et le statut dérivé pour 2003 et 2008 permet de vérifier l'exactitude de notre méthode de dérivation. Dans l'optique d'intégrer le statut de la personne à la modélisation âge-période-cohorte, la dérivation du statut permet de créer deux groupes d'individus : les travailleurs (statut dérivé 1) et les non-travailleurs (statuts dérivés 2, 3 et 4). Le Tableau 7-13 présente l'échantillon de personnes par statut déclaré et leur appartenance au statut dérivé. Par exemple, il faut comprendre dans ce tableau que 284 travailleurs (déclaré) ont été identifiés comme non-travailleurs (statut dérivé). Le Tableau 7-14 résume ce tableau en présentant l'échantillon des personnes par statut déclaré et le pourcentage qui a été attribué au bon groupe. Dans les deux tableaux, les travailleurs sont représentés en orange et les non-travailleurs en mauve. La couleur grise signifie que la concordance est bonne tandis que la couleur blanc correspond à une mauvaise identification du statut.

Cette comparaison entre les statuts dérivés et déclarés permet de conclure que la méthode de dérivation des statuts permet d'identifier correctement la majorité des travailleurs (60%). L'identification des non-travailleurs est encore plus performante alors que 96% des personnes ont un statut dérivé correspondant à leur statut déclaré. Les erreurs dans le groupe des non-travailleurs peuvent provenir de la définition de la retraite chez les personnes. En effet, il semble que plusieurs personnes (1492) s'étant déclarées à la retraite effectuent toujours des déplacements à motif travail. En somme, la dérivation du statut nous apparait satisfaisante alors que 94% des personnes sont identifiées correctement. Toutefois, cette méthode de dérivation ne peut être appliquée à la modélisation âge-période-cohorte des déplacements (taux de non-mobilité par exemple) à cause de la définition du statut basée sur le déplacement de la personne.

Tableau 7-13 : Comparaison statut déclaré et statut dérivé

Statut déclaré/Statut dérivé	Travailleur	Étudiant	Retraités	Non-mobiles	Total
1-Travailleur à temps complet	933	6	284	174	1397
2-Travailleur à temps	437	4	319	144	904

partiel					
3-Étudiant/élève	3	5	5	5	**18**
4-Retraité	1492	96	18188	15155	**34931**
5-Autre	32	3	208	239	**482**
7-À la maison	11		133	227	**371**
8-Refus	1			5	**6**
TOTAL	**2909**	**114**	**19137**	**15949**	**38109**

Tableau 7-14 : Appartenance au bon groupe

Statut déclaré/Statut dérivé	Travailleur	Non-travailleurs
1-Travailleur à temps complet	67%	33%
2-Travailleur à temps partiel	48%	52%
1- TRAVAILLEURS (total)	**60%**	**40%**
3-Étudiant/élève	17%	83%
4-Retraité	4%	96%
5-Autre	7%	93%
7-À la maison	3%	97%
2- NON-TRAVAILLEURS (total)	**4%**	**96%**
8-Refus	17%	83%
TOTAL	94%	6%

ANNEXE 7 – Analyse de l'impact de l'intégration du statut

La modélisation a été effectuée afin de valider l'effet de la proportion de travailleurs dans la cohorte sur le taux d'accès à l'automobile. Par conséquent, l'estimation du modèle s'est effectuée en ajoutant comme variable explicative le statut travailleur. Le Tableau 7-15 présente l'estimation des différents coefficients pour le modèle avec variable explicative (motor_t) et sans (motor). La Figure 7-8 compare les effets bruts d'APC des deux modèles. L'analyse des effets bruts démontre que l'ajout de cette variable explicative n'affecte pas de manière importante les effets de période et de cohorte. Toutefois, en ce qui a trait aux effets d'âge, une différence relativement importante est perceptible pour les 70 ans et plus. En effet, avec l'ajout de la variable explicative, l'effet de l'âge sur le taux d'accès à l'automobile serait moins important. De plus, l'ajout de cette variable a eu un effet positif sur la déviance permettant ainsi de confirmer l'amélioration du

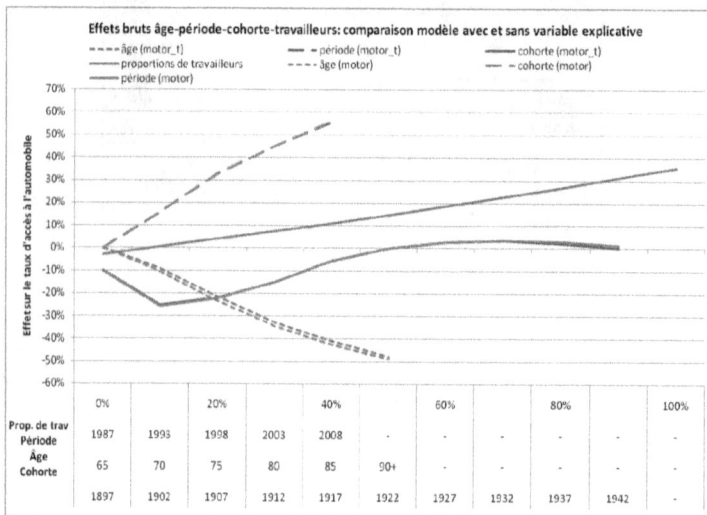

modèle.

Tableau 7-15 : Comparaison des effets APCC estimés par IE pour le taux d'accès à l'automobile avec variable travailleur

Nom	Motor		Motor_t	
Données	Désagrégées		Désagrégées	
Nb d'obs	76219		76219	
Degrés lib	76201		76201	
1/df Déviance	10.34		10.26	
Distribution	Poisson		Poisson	
Lien	log		log	
Pondération	poids		poids	
Var.dep	acces auto		acces auto	
Filtre	Exclus: Accèsauto>2		Exclus: Accèsauto>2	
variables explicatives	Coefficient	p>z	Coefficient	p>z
Travailleur	n.a	n.a	0.334	0

Figure 7-8 : Effets bruts APC : comparaison entre modèles avec travailleurs et sans

age_65	0.338	0.000	0.319	0.000
age_70	0.226	0.000	0.221	0.000
age_75	0.072	0.000	0.075	0.000
age_80	-0.085	0.000	-0.078	0.000
age_85	-0.215	0.000	-0.207	0.000
age_90	-0.336	0.000	-0.330	0.000
periode_1987	-0.250	0.000	-0.249	0.000
periode_1992	-0.104	0.000	-0.103	0.000
periode_1997	0.035	0.000	0.034	0.000
periode_2002	0.123	0.000	0.123	0.000
periode_2007	0.195	0.000	0.194	0.000
cohorte_1897	-0.031	0.683	-0.026	0.738
cohorte_1902	-0.220	0.000	-0.215	0.000
cohorte_1907	-0.173	0.000	-0.171	0.000
cohorte_1912	-0.085	0.005	-0.084	0.006
cohorte_1917	0.019	0.372	0.021	0.314
cohorte_1922	0.078	0.000	0.078	0.000

cohorte_1927	0.103	0.000	0.104	0.000
cohorte_1932	0.114	0.000	0.113	0.000
cohorte_1937	0.106	0.000	0.100	0.000
cohorte_1942	0.090	0.000	0.079	0.000
constante	-1.148	0.000	-1.162	0.000

ANNEXE 8 – Analyse de l'impact de l'intégration du sexe

La modélisation a été effectuée afin de valider l'effet de la proportion d'hommes dans la cohorte sur le taux d'accès à l'automobile. Par conséquent, l'estimation du modèle s'est effectuée en ajoutant comme variable explicative le sexe (hommes). La Figure 7-9 présente la comparaison des effets bruts entre le modèle avec la variable explicative (motor_h) et celui sans (motor) (Tableau 7-16). Une analyse de ces effets permet de constater que les effets période et cohortes sont très semblables, à l'exception de la cohorte de 1942 et de la période 1998. L'ajout de la variable a eu un effet sur l'estimation des effets bruts de l'âge pour les 80 ans et plus. De plus, l'ajout de cette variable a eu un effet positif sur la déviance permettant ainsi de confirmer l'amélioration du modèle.

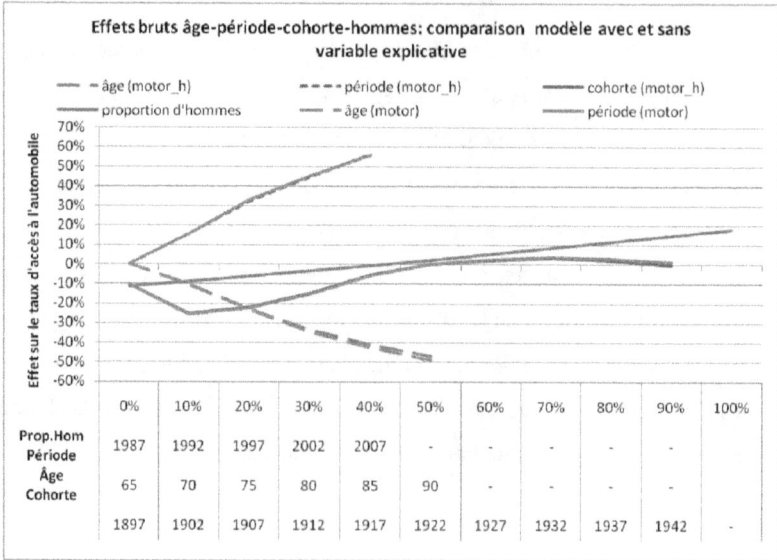

Figure 7-9 : Effets bruts APC : comparaison entre modèles avec sexe et sans

à

Tableau 7-16 : Comparaison des effets APCC estimés par IE pour le taux d'accès à l'automobile avec variable hommes

Nom	Motor	Motor_h
Données	Désagrégées	Désagrégées
Nb d'obs	76219	76219
Degrés lib	76201	76201
1/df Déviance	10.34	10.11
Distribution	Poisson	Poisson
Lien	log	log
Pondération	pweight (facpera)	poids
Var.dep	acces auto	acces auto

Filtre	Exclus: Accès auto>2		Exclus: Accès auto>2	
Var.exp	Coeff	p>z	Coeff	p>z
Hommes	n.a	n.a	0.288	0.000
age_65	0.338	0.000	0.322	0.000
age_70	0.226	0.000	0.214	0.000
age_75	0.072	0.000	0.064	0.000
age_80	-0.085	0.000	-0.083	0.000
age_85	-0.215	0.000	-0.207	0.000
age_90	-0.336	0.000	-0.310	0.000
periode_1987	-0.250	0.000	-0.249	0.000
periode_1992	-0.104	0.000	-0.103	0.000
periode_1997	0.035	0.000	0.032	0.000
periode_2002	0.123	0.000	0.122	0.000
periode_2007	0.195	0.000	0.199	0.000
cohorte_1897	-0.031	0.683	-0.031	0.688
cohorte_1902	-0.220	0.000	-0.212	0.000
cohorte_1907	-0.173	0.000	-0.170	0.000
cohorte_1912	-0.085	0.005	-0.080	0.009
cohorte_1917	0.019	0.372	0.023	0.276
cohorte_1922	0.078	0.000	0.079	0.000
cohorte_1927	0.103	0.000	0.102	0.000
cohorte_1932	0.114	0.000	0.111	0.000
cohorte_1937	0.106	0.000	0.100	0.000
cohorte_1942	0.090	0.000	0.078	0.000
constante	-1.148	0.000	-1.267	0.000

ANNEXE 9 – Analyse de l'impact de l'intégration des personnes seules

La modélisation a été effectuée afin de valider l'effet du nombre de personnes par ménage sur le taux d'accès à l'automobile. Par conséquent, la proportion de personnes seules a été intégrée comme variable explicative au modèle. Étant donné que l'analyse des résidus a démontré que les trois groupes semblent avoir un effet, la proportion de personnes seules (pers1) et de personnes vivant dans un ménage de trois personnes et plus (pers3+) a été intégrée au modèle. Le Tableau 7-17 présente l'estimation des coefficients avec l'ajout de ces deux variables explicatives (Motor_1-3). Toutefois, l'effet de la variable 3+ n'étant pas significatif, une estimation a été effectuée seulement avec la proportion de personnes seules (Motor_1). La comparaison de la déviance démontre que l'ajout de cette variable explicative tend à améliorer la qualité du modèle, même si cette augmentation est moindre que pour le modèle Motor_1-3.

La Figure 7-10 présente les effets bruts d'APC ainsi que de la proportion de personnes seules pour les modèles Motor et Motor_1. L'ajout de cette variable explicative semble avoir un effet plus important que le sexe et la proportion de travailleurs. Les différences sont principalement visibles dans les effets périodes qui sont plus importants dans le modèle Motor_1. De plus, les effets de l'âge diminuent aussi pour les 75 ans et plus. Les effets cohortes déclinent en importance pour les cohortes de 1922 et plus.

Tableau 7-17 : Comparaison des effets APCC estimés par IE pour le taux d'accès à l'automobile avec variable Pers1 et Pers3+

Nom	Motor		Motor_1-3		Motor	
Données	Désagrégées		Désagrégées		Désagrégées	
Nb d'obs	76219		76219		76219	
Degrés lib	76199		76199		76199	
1/df Déviance	10.34		10.22		10.25	
Distribution	Poisson		Poisson		Poisson	
Lien	log		log		log	
Pondération	pweight (facpera)		pweight (facpera)		pweight (facpera)	
Var.dep	acces auto		acces auto		acces auto	
Filtre	acces-auto<2		acces-auto<2		acces-auto<2	
Persologis	n.a		Pers1, Pers3+		Pers1	
variables explicatives	Coefficient	p>z	Coefficient	p>z	Coefficient	p>z
Pers1	n.a	n.a	-0.231	0.000	-0.234	0.000
Pers3+	n.a	n.a	0.013	0.068	n.a	n.a
age_65	0.338	0.000	0.315	0.000	0.317	0.000
age_70	0.226	0.000	0.211	0.000	0.211	0.000
age_75	0.072	0.000	0.068	0.000	0.068	0.000
age_80	-0.085	0.000	-0.077	0.000	-0.079	0.000
age_85	-0.215	0.000	-0.194	0.000	-0.195	0.000
age_90	-0.336	0.000	-0.322	0.000	-0.322	0.000
periode_1987	-0.250	0.000	-0.267	0.000	-0.269	0.000
periode_1992	-0.104	0.000	-0.113	0.000	-0.115	0.000
periode_1997	0.035	0.000	0.031	0.000	0.032	0.000
periode_2002	0.123	0.000	0.136	0.000	0.137	0.000
periode_2007	0.195	0.000	0.214	0.000	0.215	0.000
cohorte_1897	-0.031	0.683	-0.044	0.555	-0.040	0.595
cohorte_1902	-0.220	0.000	-0.219	0.000	-0.228	0.000
cohorte_1907	-0.173	0.000	-0.160	0.000	-0.160	0.000
cohorte_1912	-0.085	0.005	-0.072	0.016	-0.072	0.018
cohorte_1917	0.019	0.372	0.030	0.135	0.033	0.104
cohorte_1922	0.078	0.000	0.082	0.000	0.085	0.000

cohorte_1927	0.103	0.000	0.103	0.000	0.104	0.000
cohorte_1932	0.114	0.000	0.108	0.000	0.108	0.000
cohorte_1937	0.106	0.000	0.094	0.000	0.094	0.000
cohorte_1942	0.090	0.000	0.077	0.000	0.075	0.000
constante	-1.148	0.000	-1.069	0.000	-1.068	0.000

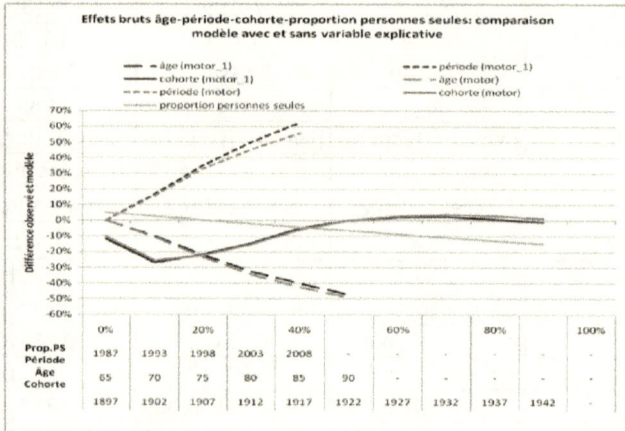

Figure 7-10: Effets bruts APC : comparaison entre modèles avec et sans variable explicative

ANNEXE 10– Analyse de l'impact de l'intégration de la distance au centre-ville

La modélisation a été effectuée afin de valider l'effet de la distance au centre-ville sur le taux d'accès à l'automobile. Par conséquent, la distance au centre-ville a été intégrée comme variable explicative au modèle. Le Tableau 7-18 présente l'estimation des coefficients pour les deux modèles. L'analyse des effets bruts (Figure 7-11) démontre que l'intégration de la variable explicative de la distance au centre-ville (Motor_dist) semble avoir un effet minime sur les effets d'âge (à l'exception de 65 ans) et des cohortes les plus récentes. L'effet principal de l'ajout de la distance au centre-ville est perceptible sur les effets période qui sont nettement moins importants. Il s'agit d'une amélioration au modèle alors que l'analyse tendancielle a permis de faire ressortir que toutes les cohortes en vieillissant augmentent leur distance au centre-ville, ce qui mène à une surévaluation des personnes âgées situées en périphérie conduisant à une

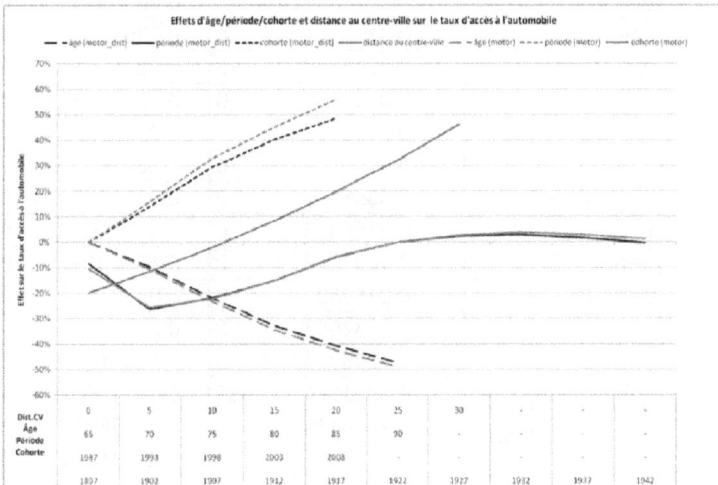

Figure 7-11 : Effets bruts APC : comparaison entre modèles avec distance au centre-ville et sans

augmentation de la motorisation. La comparaison de la déviance démontre que l'ajout de cette variable explicative améliore la qualité du modèle.

Tableau 7-18 : Comparaison des effets APCC estimés par IE pour le taux d'accès à l'automobile avec variable distance au centre-ville

Nom	Motor		Motor_dist	
Données	Désagrégées		Désagrégées	
Nb d'obs	76219		76219	
Degrés lib	76199		76199	
1/df Déviance	10.34		10.01	
Distribution	Poisson		Poisson	
Lien	log		log	
Pondération	Poids d'échantillonnage		Poids d'échantillonnage	
Var.dep	acces auto		acces auto	
Filtre	acces-auto<=2		acces-auto<=2	
variables explicatives	Coefficient	p>z	Coefficient	p>z
dist-cv	n.a	n.a	0.0000543	0
age_65	0.3378882	0	0.3365842	0
age_70	0.2258659	0	0.2251991	0
age_75	0.0719963	0	0.0720979	0
age_80	-0.0853005	0	-0.0848728	0
age_85	-0.2147844	0	-0.213955	0
age_90	-0.3356656	0	-0.3350535	0
periode_1987	-0.2496956	0	-0.252605	0
periode_1992	-0.1037273	0	-0.1034019	0
periode_1997	0.0353801	0	0.0369724	0
periode_2002	0.1232053	0	0.1239214	0
periode_2007	0.1948374	0	0.1951131	0
cohorte_1897	-0.0311584	0.683	-0.0302563	0.691
cohorte_1902	-0.2196415	0	-0.2193807	0
cohorte_1907	-0.1732407	0	-0.17413	0
cohorte_1912	-0.0854669	0.005	-0.085758	0.005

cohorte_1917	0.01851	0.372	0.0172509	0.405
cohorte_1922	0.0778077	0	0.0771184	0
cohorte_1927	0.1032963	0	0.1028258	0
cohorte_1932	0.1143271	0	0.1145077	0
cohorte_1937	0.1057136	0	0.1065201	0
cohorte_1942	0.0898529	0	0.0913022	0
constante	-1.147693	0	-1.148578	0

ANNEXE 11 – Biais de mortalité

Cette section présente un exemple, à l'aide de la modélisation de la proportion de personnes seules, du biais de mortalité qui pourrait être attribuable à la sélection téléphonique des répondants dans les enquêtes OD. En effet, l'analyse descriptive a permis de constater qu'à partir de 90 ans, pour 1987 et 1993, cette proportion diminuait fortement. Toutefois, avec l'augmentation de la taille de l'échantillon pour les enquêtes subséquentes, une augmentation de la proportion de personnes seules est observée pour les cohortes de 1917 et plus. Cette section vise à présenter comment l'agrégation ou l'élimination de certains effets APC permet de réduire ce biais.

Tout d'abord, l'analyse descriptive a permis d'établir l'hypothèse que les effets d'âge influencent majoritairement l'augmentation jusqu'à l'âge de 90 ans où une certaine stabilisation est observée. Une modélisation (modèle IE) avec distribution binomiale de la variable dépendante (lien logit) a été effectuée (Tableau 7-19).

L'analyse des effets bruts (Figure 7-12) démontre que l'effet de l'âge fait augmenter fortement la proportion de personnes seules jusqu'à 90 ans, où l'effet devient négatif. De plus, de manière inattendue, ce modèle attribue l'augmentation entre 1987 et 2008 à des effets de période et estime que les cohortes les plus récentes vivent de moins en moins seules. Or, l'analyse descriptive a clairement identifié que les cohortes les plus récentes résident de plus en plus seules et que cette augmentation est attribuable à des effets de cohortes et non pas de période. De plus, dans ce cas-ci, il est très difficile d'identifier s'il existe réellement des effets périodes. En effet, la courbe transversale (par âge et enquête) de 2008 étant similaire à celle de 1987, la déformation ne semble pas attribuable à des effets périodes. Le concept de déformation de la courbe transversale fait référence à ce

252

qui avait été observé pour l'utilisation de l'automobile : il s'agit d'une diminution des différences entre les cohortes qui ne peut être attribuable ni à des effets d'âge, ni à des effets cohortes, ceux-ci étant fixes à travers les années. Par conséquent, seulement les effets périodes peuvent causer une homogénéisation des comportements des cohortes.

Cependant, dans la modélisation APC de la proportion de personnes seules, le biais de mortalité doit être attribué à des effets cohortes, et non pas périodes, afin de limiter son erreur sur la totalité des cohortes. Par conséquent, un modèle âge-cohorte a été estimé. La Figure 7-13 et le Tableau 7-20 présentent les résultats du modèle AC. L'analyse des effets bruts démontre que ceux-ci concordent beaucoup plus à ce qui a été estimé par l'analyse descriptive. De plus, les effets cohortes sont aussi beaucoup plus réalistes. La totalité des coefficients est significative.

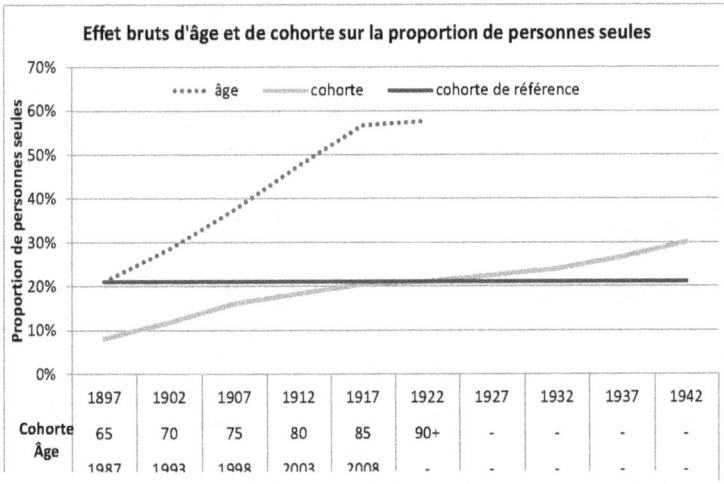

Figure 7-12 : Effets bruts de l'âge, cohorte sur la proportion de personnes seules

Tableau 7-19 : Estimation des effets APC estimés par IE pour la proportion de personnes seules

Nom	IE					
Données	Désagrégées					
Nb d'obs	76344					
Degrés lib	76326					
1/df Déviance	31.24					
Distribution	binomiale					
Lien	logit					
Pondération	poids					
Var.dep	personnes seules					
variables explicatives	Coefficient	Std erreur	Z	p>z	95% int.confiance	
age_65	-0.497	0.028	-18.040	0.000	-0.551	-0.443
age_70	-0.277	0.021	-13.290	0.000	-0.318	-0.236
age_75	-0.052	0.021	-2.510	0.012	-0.092	-0.011
age_80	0.183	0.025	7.220	0.000	0.134	0.233
age_85	0.388	0.035	11.000	0.000	0.319	0.457
age_90	0.255	0.048	5.340	0.000	0.161	0.348
period_1987	-0.326	0.024	-13.310	0.000	-0.374	-0.278
period_1992	-0.177	0.022	-8.190	0.000	-0.220	-0.135
period_1997	-0.077	0.018	-4.280	0.000	-0.112	-0.041
period_2002	0.231	0.020	11.550	0.000	0.192	0.270
period_2007	0.349	0.026	13.510	0.000	0.298	0.399
cohort_1897	-0.209	0.120	-1.740	0.082	-0.445	0.027
cohort_1902	0.042	0.080	0.530	0.599	-0.115	0.199
cohort_1907	0.241	0.059	4.080	0.000	0.125	0.356
cohort_1912	0.227	0.046	4.900	0.000	0.136	0.318

cohort_1917	0.189	0.034	5.540	0.000	0.122	0.256
cohort_1922	0.051	0.025	2.060	0.039	0.003	0.100
cohort_1927	-0.032	0.021	-1.560	0.119	-0.072	0.008
cohort_1932	-0.133	0.020	-6.700	0.000	-0.172	-0.094
cohort_1937	-0.200	0.026	-7.810	0.000	-0.250	-0.150
cohort_1942	-0.176	0.042	-4.220	0.000	-0.258	-0.095
_cons	-0.517	0.021	-25.020	0.000	-0.558	-0.477

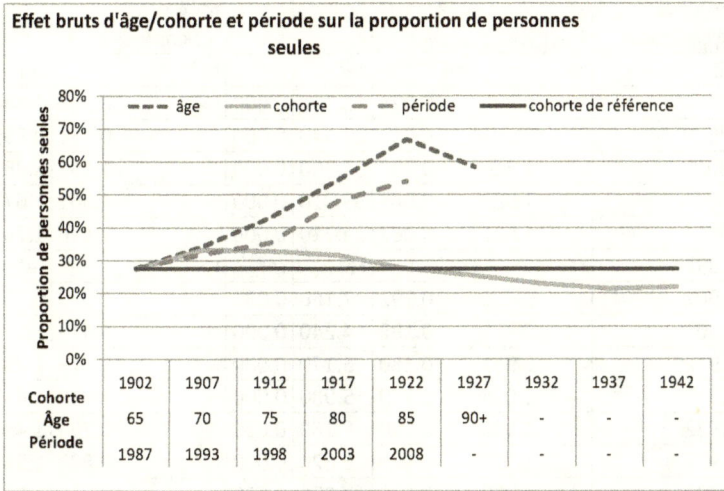

Effet bruts d'âge/cohorte et période sur la proportion de personnes seules

Figure 7-13 : Effets bruts de l'âge, cohorte et de la période sur la proportion de personnes seules

255

Tableau 7-20 : Identification des effets AC estimés par GLM pour la proportion de personnes seules

Nom	IE					
Données	Désagrégées					
Nb d'obs	76344					
Degrés lib	76326					
1/df Déviance	31.24					
Distribution	binomiale					
Lien	logit					
Pondération	poids					
Var.dep	personnes seules					
variables explicatives	Coefficient	Std erreur	Z	p>z	95% int.confiance	
a65	ref	ref	ref	ref	ref	ref
a70	0.396	0.024	16.190	0.000	0.348	0.444
a75	0.805	0.027	29.340	0.000	0.751	0.859
a80	1.216	0.033	37.400	0.000	1.152	1.280
a85	1.589	0.045	35.310	0.000	1.501	1.677
a90	1.628	0.067	24.210	0.000	1.496	1.760
c1897	ref	ref	ref	ref	ref	ref
c1902	0.416	0.192	2.160	0.031	0.039	0.793
c1907	0.771	0.182	4.240	0.000	0.415	1.128
c1912	0.931	0.180	5.170	0.000	0.578	1.284
c1917	1.068	0.179	5.980	0.000	0.718	1.417
c1922	1.106	0.180	6.160	0.000	0.754	1.458
c1927	1.190	0.180	6.620	0.000	0.838	1.542
c1932	1.269	0.180	7.050	0.000	0.916	1.622
c1937	1.412	0.181	7.810	0.000	1.058	1.767
c1942	1.584	0.182	8.690	0.000	1.227	1.941
_cons	-2.426	0.180	- 13.480	0.000	-2.779	- 2.073

Afin de projeter la non-motorisation, une projection de la proportion de personnes 3+ a été effectuée à l'aide d'un modèle AC_agrégé (regroupements des cohortes de 1912 et moins). Le Tableau 7-21 présente les coefficients estimés. L'analyse des effets bruts AC (Figure 5-15) démontre que l'âge diminue rapidement la proportion de personnes 3+ jusqu'à 75 ans, où l'effet devient positif. Les effets cohortes font état d'une diminution de pers3+ dans les cohortes les plus récentes. Finalement, la Figure 6-16 présente la projection de cet indicateur à l'horizon 2028.

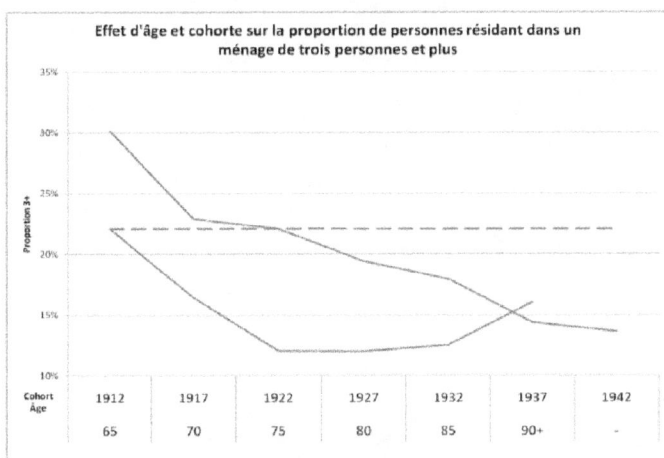

Figure 7-14 : Effets bruts d'âge et cohorte sur la proportion de personnes 3+

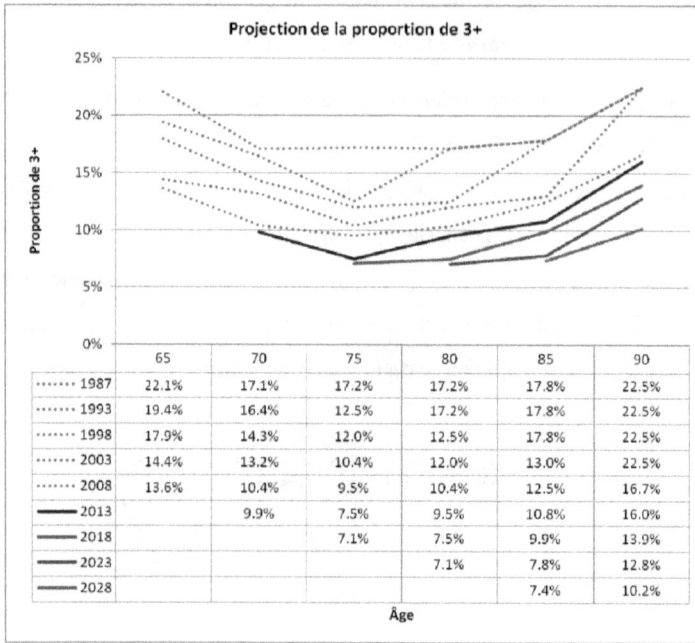

Projection de la proportion de 3+

	65	70	75	80	85	90
······ 1987	22.1%	17.1%	17.2%	17.2%	17.8%	22.5%
······ 1993	19.4%	16.4%	12.5%	17.2%	17.8%	22.5%
······ 1998	17.9%	14.3%	12.0%	12.5%	17.8%	22.5%
······ 2003	14.4%	13.2%	10.4%	12.0%	13.0%	22.5%
······ 2008	13.6%	10.4%	9.5%	10.4%	12.5%	16.7%
—— 2013		9.9%	7.5%	9.5%	10.8%	16.0%
—— 2018			7.1%	7.5%	9.9%	13.9%
—— 2023				7.1%	7.8%	12.8%
—— 2028					7.4%	10.2%

Âge

Figure 7-15 : Projection de la proportion de personnes 3+

Tableau 7-21 : Estimation des effets AC estimés par GLM pour la proportion de personnes 3+

Nom	AC_pers3					
Données	Désagrégées					
Nb d'obs	76344					
Degrés lib	76335					
1/df Déviance	20.92					
Distribution	binomiale					
Lien	logit					
Pondération	poids					
Var.dep	personnes vivant dans un ménage de 3 personnes et plus					
variables explicatives	Coefficient	Std erreur	Z	p>z	95% int.confiance	
a65	ref	ref	ref	ref	ref	ref
a70	-0.366	0.029	-12.640	0.000	-0.423	-0.309
a75	-0.728	0.036	-20.420	0.000	-0.798	-0.658
a80	-0.732	0.042	-17.400	0.000	-0.815	-0.650
a85	-0.685	0.057	-12.080	0.000	-0.797	-0.574
a90	-0.396	0.076	-5.180	0.000	-0.546	-0.246
cohort1912	ref	ref	ref	ref	ref	ref
c1917	-0.372	0.047	-7.980	0.000	-0.464	-0.281
c1922	-0.418	0.044	-9.490	0.000	-0.505	-0.332
c1927	-0.583	0.045	-12.970	0.000	-0.671	-0.495
c1932	-0.680	0.047	-14.330	0.000	-0.773	-0.587

c1937	-0.941	0.053	-17.680	0.000	-1.046	-0.837
c1942	-1.004	0.059	-17.010	0.000	-1.119	-0.888
_cons	-0.842	0.045	-18.660	0.000	-0.930	-0.753

www.ingramcontent.com/pod-product-compliance
Lightning Source LLC
Chambersburg PA
CBHW021034210326
41598CB00016B/1012